太行山药用植物图谱丛书

苍岩山药用植物图谱

太行山药用植物图谱丛书

苍岩山
药用植物图谱

主编 / 郑玉光　景永帅

上海科学技术出版社

图书在版编目（CIP）数据

苍岩山药用植物图谱 / 郑玉光，景永帅主编. -- 上海 : 上海科学技术出版社，2021.4
ISBN 978-7-5478-5271-2

Ⅰ. ①苍… Ⅱ. ①郑… ②景… Ⅲ. ①药用植物—石家庄—图谱 Ⅳ. ①Q949.95-64

中国版本图书馆CIP数据核字(2021)第044348号

苍岩山药用植物图谱

主编　郑玉光　景永帅

上海世纪出版(集团)有限公司
上 海 科 学 技 术 出 版 社 出版、发行
(上海钦州南路71号　邮政编码200235　www.sstp.cn)
上海雅昌艺术印刷有限公司印刷
开本 787×1092　1/16　印张 17.5
字数 300千字
2021年4月第1版　2021年4月第1次印刷
ISBN 978-7-5478-5271-2 / R·2267
定价：148.00元

内容提要

本书系统介绍了苍岩山药用植物的调查情况，从植物名称、形态特征、药材名称、性味归经、功能主治、用法用量、采收加工等几个方面进行了描述，采用图文结合的方式，全面、准确、客观地描述了苍岩山药用植物的基本信息，共75科，192属，243种。此外，本书根据《中国植物志》以及野外实践经验，总结了植物速认的方法，有利于植物爱好者对植物的鉴别。

本书对每种药用植物论述全面，内容翔实，图文结合，便于鉴别，可供中医药学相关人士及植物爱好者参考阅读。

编委会名单

主　编

郑玉光　景永帅

副主编

张丹参　吴兰芳　严玉平

编　委

马云凤　王非凡　王　乾　代立霞　戎欣玉　朱若嘉　刘　钊　孙玉娟　孙会改
孙丽丛　孙　慧　苏　蕾　李中秋　李　兰　李佳瑛　李朋月　李建晨　邸梦宇
宋军娜　张　丹　张钰炜　张健美　张　浩　张雅蒙　张瑞娟　陈　玺　国旭丹
金　姗　庞心悦　郑开颜　胡贝贝　秦　璇　袁鑫茹　韩晓伟　程文境　谢英花
薛紫鲸

拍摄及资料整理

王廷浩　王继鹏　田士玮　司绍辰　朱齐壮　刘东波　刘　洋　孙军翔　苏紫藤
李玉旭　李明松　李岳森　张小冬　金志雨　郎静杰　屈震山　赵　岩　胡红太
姚　翔　郭利昌　陶子豪　鹿　森　寇鹏鹏　隋昭松　韩宏伟　喇常盛

前　言

在连绵八百里的太行山中段，有一座享有“五岳奇秀揽一山，太行群峰唯苍岩”之美誉的中国历史文化名山——苍岩山，它位于井陉和元氏两县交界处，从元氏向西遥望，巍峨耸立，连绵起伏，高入云天。因其所在地方圆几十里，皆为荒山秃岭，唯独此山林木苍翠，古树葱茏，处处绿色，故名“苍岩”。苍岩山总面积63 km^2，高1 039.6 m，山分东、西两峰，对峙而立，南北一岭，横亘于后，三者之间为壁立百大的巨谷深涧。地域内地层古老，地貌千姿百态，结构错综庞杂，奇峰、峰谷、山岭、沟壑、台地、断层、裂隙、岩溶、石柱、山涧等地质地貌形态齐全。此地属暖温带大陆性气候，四季分明，冬季寒冷多风干燥，夏季炎热多雨，春季干旱风沙盛行，秋季晴朗少风，寒暖适中，年平均气温13℃，年降水量580 mm，无霜期190日以上，适宜的环境导致其拥有丰富的植物资源，植被类型主要有针叶林、针阔叶混交林以及一部分喜湿喜阴灌丛等。

本书主编郑玉光和景永帅分别作为全国中药资源普查河北省普查专家组主任委员和河北省第五普查队队长，带领普查队员多次对苍岩山药用植物资源展开系统的普查，借普查之成果，对苍岩山药用植物资源进行统计和整理，进一步明确太行山脉-苍岩山的药用植物资源种类。普查队员通过2年多的调查，对苍岩山部分植物进行初步的统计，共记录植物75科，192属，243种。本书图文结合，较全面、准确、客观地阐述了苍岩山药用植物的名称、形态特征、药材信息及用法用量等。每种药用植物均有生态图片，部分有局部器官特征特写及药材、饮片图片，可使读者了解药用植物的形态特征及生长状态，掌握药用植物的基本常识。此外，根据《中国植物志》以及野外实践经验，本书总结了植物速认方法，有利于植物爱好者对植物的鉴别。需要说明的是，有些植物为潜在的药用植物资源，还未有药材名称，在本书编写时省略其药材相关信息。

由于作者水平有限，不免有疏漏之处，谨望广大读者提出宝贵意见。希望本书的出版，能够普及药用植物科学知识，使更多的人认识、了解药用植物，以更合理地开发利用药用植物资源。

编者

2020年12月

目 录

第一部分

蕨类植物门

第二部分

裸子植物门

第三部分

被子植物门

蕨类植物门

木贼科 Equisetaceae —— 木贼属 *Equisetum*

节节草

Equisetum ramosissimum Desf.

【植物形态】中小型蕨类。**根茎:** 根茎直立,横走或斜升,黑棕色,节和根疏生黄棕色长毛或光滑无毛。**茎:** 细弱,绿色,基部多分枝,上部少分枝或不分枝,粗糙具条棱。**果:** 孢子囊穗短棒状或椭圆形,顶端有小尖突,无柄。

【药材名】笔筒草(药用部位:全草)。

【性味、归经及功用】甘、微苦,平。归胃、心、肝、膀胱经。清热,利尿,明目退翳,祛痰止咳。用于目赤肿痛、肝炎、咳嗽、支气管炎、泌尿系感染。

【用法用量】煎服,15～25 g,鲜品5～10 g。外用煎水洗,或捣敷。

【采收加工】全年可采,但以4—5月生长茂盛时采最佳,晒干。

【植物速认】中小型蕨类;根茎横走或斜升;孢子囊穗短棒状或椭圆形。

1. 节节草 2、3. 茎 4. 笔筒草(药材)

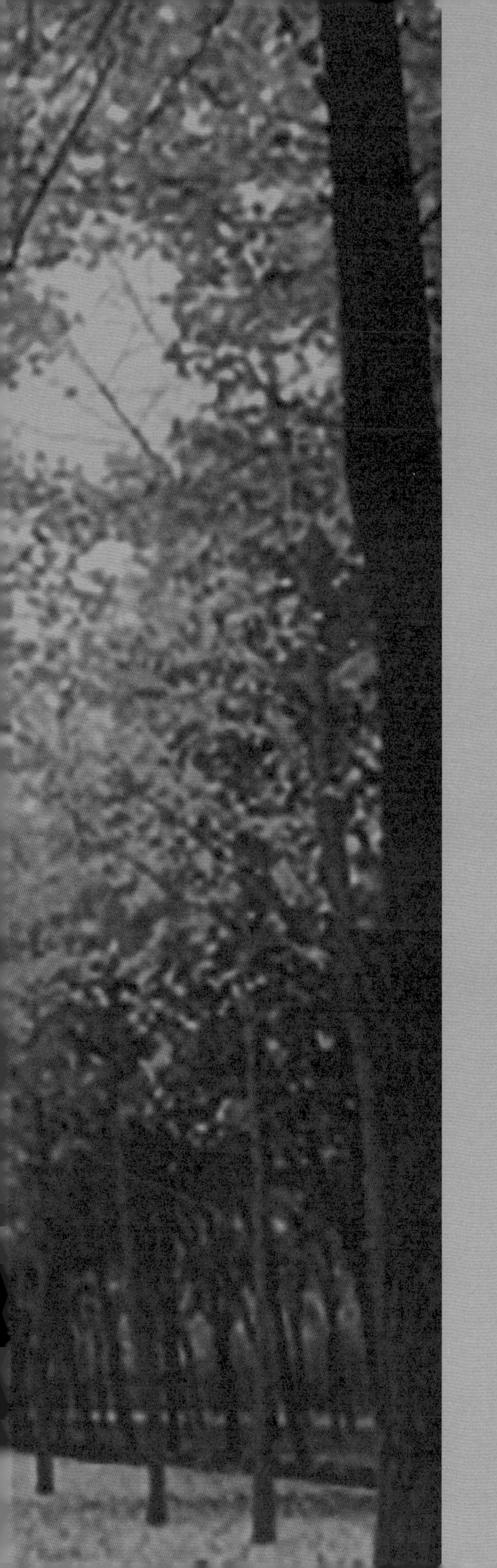

裸子植物门

银杏科 Ginkgoaceae —— 银杏属 *Ginkgo*

银杏

Ginkgo biloba L.

【植物形态】乔木，高达40 m，胸径可达4 m。**茎:** 树皮纵裂，粗糙。**芽:** 冬芽黄褐色，常为卵圆形，先端钝尖。**叶:** 叶扇形，淡绿色，无毛，叶在一年生长枝上螺旋状散生，在短枝上3～8叶呈簇生状，秋季落叶前变为黄色。**花:** 球花雌雄异株，呈簇生状，具长梗，雄球花葇荑花序状，下垂，具短梗。**种子:** 种子具长梗，下垂，常为椭圆形、长倒卵形、卵圆形或近圆球形。花期3—4月，种子9—10月成熟。

【药材名】白果（药用部位：种子）；银杏叶（药用部位：叶）。

【性味、归经及功用】白果：甘、苦、涩，平；有毒。归肺、肾经。敛肺定喘，止带缩尿。用于痰多喘咳、带下白浊、遗尿尿频。银杏叶：甘、苦、涩，平。归心、肺经。活血化瘀，通络止痛，敛肺平喘，化浊降脂。用于瘀血阻络、胸痹心痛、中风偏瘫、肺虚咳喘、高脂血症。

【用法用量】白果：煎服，5～10 g。银杏叶：煎服，9～12 g。

【采收加工】白果：秋季种子成熟的时候采收，除去肉质外种皮，洗净，稍蒸或者略煮后，烘干。银杏叶：秋季叶尚绿时采收，及时干燥。

【植物速认】乔木；叶扇形，有长柄，无毛，叶脉均呈多级二叉状分枝，秋季落叶前变为黄色。

1. 银杏　2. 种子　3. 叶　4. 白果（药材）　5. 银杏叶（药材）

松科 Pinaceae —— 松属 *Pinus*

油松

Pinus tabuliformis Carriere

【植物形态】乔木，高达25 m，胸径可达1 m以上。**茎：**树皮裂成不规则较厚的鳞状块片。**芽：**冬芽矩圆形，顶端尖，微具树脂，芽鳞红褐色，边缘有丝状缺裂。**叶：**针叶2针一束，深绿色，粗硬，边缘有细锯齿，两面具气孔线。**花：**雄球花圆柱形，在新枝下部聚生成穗状。**果：**球果卵形或圆卵形。**种子：**卵圆形或长卵圆形，淡褐色有斑纹。花期4—5月，球果第二年10月成熟。

【药材名】油松节（药用部位：松节）；松花粉（药用部位：花粉）。

【性味、归经及功用】油松节：苦、辛，温。归肝、肾经。祛风除湿，通络止痛。用于风寒湿痹、历节风痛、转筋挛急、跌打伤痛。松花粉：甘，温。归肝、脾经。收敛止血，燥湿敛疮。用于外伤出血、湿疹、黄水疮、皮肤糜烂、脓水淋漓。

【用法用量】油松节：煎服，9～15 g。松花粉：外用适量，撒敷患处。

【采收加工】油松节：全年均可采收，锯取后阴干。松花粉：春季花刚开时，采摘花穗，晒干，收集花粉，除去杂质。

【植物速认】乔木；树皮灰褐色；针叶2针一束；松树树干挺拔苍劲，四季常绿。

1. 油松 2. 果 3. 叶 4. 松花粉（药材） 5. 油松节（药材）

1	2	3
	4	5

柏科 Cupressaceae —— 侧柏属 *Platycladus*

侧柏

Platycladus orientalis (L.) Franco

【植物形态】乔木，高达20 m，胸径1 m。**茎：**树皮薄，浅灰褐色，纵裂成条片。**叶：**叶鳞形，先端微钝，小枝中央的叶露出部分呈倒卵状菱形或斜方形，背面中间有条状腺槽，两侧的叶船形，先端微内曲，背部有钝脊，尖头的下方有腺点。**花：**雄球花黄色，卵圆形，雌球花近球形，蓝绿色，被白粉。**果：**球果近卵圆形。**种子：**种子卵圆形或近椭圆形，顶端微尖，灰褐色或紫褐色。花期3—4月，球果10月成熟。

【药材名】侧柏叶（药用部位：枝梢和叶）；柏子仁（药用部位：种子）。

【性味、归经及功用】侧柏叶：苦、涩，寒。归肺、肝、脾经。凉血止血，化痰止咳，生发乌发。用于吐血、衄血、咯血、便血、崩漏下血、肺热咳嗽、血热脱发、须发早白。柏子仁：甘，平。归心、肾、大肠经。养心安神，润肠通便，止汗。用于阴血不足、虚烦失眠、心悸怔忡、肠燥便秘、阴虚盗汗。

【用法用量】侧柏叶：煎服，6～12 g。外用适量。柏子仁：煎服，3～10 g。

【采收加工】侧柏叶：多在夏、秋二季采收，阴干。柏子仁：秋、冬二季采收成熟种子，晒干，除去种皮，收集种仁。

【植物速认】乔木；叶鳞形，排成一平面，叶背中部有腺槽，四季常青。

1. 侧柏　2. 叶　3. 果　4. 侧柏叶（药材）　5. 柏子仁（药材）

1	2	3
	4	5

被子植物门

胡桃科 Juglandaceae —— 胡桃属 *Juglans*

胡桃

Juglans regia L.

【植物形态】乔木，高达20 m。**茎：**树皮幼时灰绿色，老时则灰白色而纵向浅裂。**叶：**奇数羽状复叶，互生，小叶通常5～9枚，稀3枚，椭圆状卵形至长椭圆形。**花：**雄性葇荑花序下垂，雄花的苞片、小苞片及花被片均被腺毛，花药黄色，无毛；雌性穗状花序通常具1～3（～4）雌花。**果：**坚果椭圆形。花期5月，果期10月。

【药材名】核桃仁（药用部位：种子）。

【性味、归经及功用】甘，温。归肾、肺、大肠经。补肾，温肺，润肠。用于肾阳不足、腰膝酸软、阳痿遗精、虚寒喘嗽、肠燥便秘。

【用法用量】煎服，6～9 g。

【采收加工】秋季果实成熟时采收，除去肉质果皮，晒干，再除去核壳和木质隔膜。

【植物速认】乔木；奇数羽状复叶；果核具纵棱，通称“核桃”。

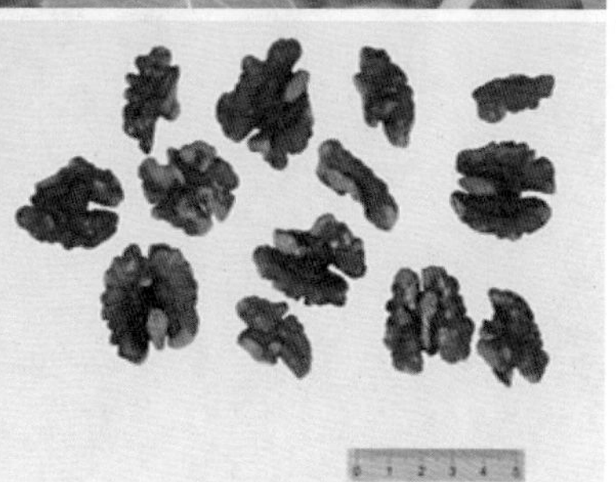

1. 胡桃　2. 果　3. 核桃仁（药材）

杨柳科 Salicaceae —— 杨属 *Populus*

加杨
Populus canadensis Moench

【植物形态】大乔木，高30 m。**茎：**干直，树皮粗厚，深沟裂。**芽：**芽大，先端反曲，初为绿色，后变为褐绿色，富黏质。**叶：**叶三角形或三角状卵形，一般长大于宽，先端渐尖，基部截形或宽楔形，有圆锯齿，上面暗绿色，下面淡绿色；叶柄侧扁而长，带红色（苗期特明显）。**花：**雄花序轴光滑，每花有雄蕊15～25（～40）；苞片淡绿褐色，不整齐，丝状深裂，花盘淡黄绿色，全缘，花丝细长，白色，超出花盘；雌花序有花45～50朵，柱头4裂。**果：**蒴果卵圆形。花期4月，果期5—6月。

【植物速认】大乔木；叶三角形或三角状卵形，叶片大而有光泽；果开裂杨絮四处飞扬。

1. 加杨　2. 叶　3. 花序

杨柳科 Salicaceae —— 柳属 *Salix*

旱柳

Salix matsudana Koidz.

【植物形态】乔木，高达18 m，胸径达80 cm。**茎：**树皮暗灰黑色，有裂沟。**芽：**芽微有短柔毛。**叶：**叶披针形，先端长渐尖，基部窄圆形或楔形，上面绿色，无毛，有光泽，下面苍白色或带白色，有细腺锯齿缘，幼叶有丝状柔毛。**花：**花序与叶同时开放；雄花序圆柱形，多少有花序梗，轴有长毛；雌花序较雄花序短，有3～5小叶生于短花序梗上，轴有长毛。花期4月，果期4—5月。

【药材名】旱柳叶（药用部位：叶）。

【性味、归经及功用】微苦，寒。归肝、胆、脾经。祛风除湿，清利湿热。用于风湿痹痛、筋脉拘挛、湿热黄疸、身目发黄、小便短赤。

【用法用量】煎服，6～15 g。

【采收加工】春、夏、秋三季均可采，除去杂质，晒干。

【植物速认】乔木；枝条直立；叶披针形，叶缘有细腺锯齿缘。

1. 旱柳　2. 叶　3. 花序　4. 旱柳叶（药材）

榆科 Ulmaceae —— 榆属 *Ulmus*

榆树

Ulmus pumila L.

【植物形态】落叶乔木，高达25 m，胸径1 m。**茎：**树皮暗灰色，不规则深纵裂，粗糙。**芽：**冬芽近球形或卵圆形，芽鳞背面无毛，内层芽鳞的边缘具白色长柔毛。**叶：**叶椭圆状卵形、长卵形、椭圆状披针形或卵状披针形，叶面平滑无毛，叶背幼时有短柔毛，边缘具重锯齿或单锯齿。**花：**花先叶开放，去年生枝的叶腋呈簇生状。**果：**翅果近圆形，稀倒卵状圆形。花果期3—6月。

【药材名】榆钱（药用部位：果实）；榆白皮（药用部位：皮）；榆树叶（药用部位：叶）。

【性味、归经及功用】榆钱：微辛，平。归心、脾、肺经。健脾安神，清心降火，化痰止咳。用于神经衰弱、失眠、食欲不振、白带异常。榆白皮、榆树叶：甘，平。归脾、肺、膀胱经。安神，利小便。用于神经衰弱、失眠、体虚浮肿。

【用法用量】榆钱：煎服，5～15 g。榆白皮、榆树叶：煎服，15～25 g。

【采收加工】榆钱：春季未出叶前，采摘未成熟的翅果，去杂质晒干。榆白皮：剥下树皮晒干，或夏秋剥下树皮，去粗皮，晒干或鲜用。榆树叶：夏秋采摘，晒干或鲜用。

【植物速认】落叶乔木；叶椭圆状卵形或卵状披针形；翅果近圆形。

1. 榆树　2. 果　3. 叶　4. 榆树叶（药材）　5. 榆白皮（药材）　6. 榆钱（药材）

杜仲科 Eucommiaceae —— 杜仲属 *Eucommia*

杜仲

Eucommia ulmoides Oliver

【植物形态】落叶乔木，高达20 m，胸径约50 cm。**茎：** 树皮灰褐色，粗糙，嫩枝有黄褐色毛，不久变秃净，老枝有明显的皮孔。**芽：** 芽体卵圆形，外面发亮，红褐色，有鳞片，边缘有微毛。**叶：** 叶椭圆形、卵形或矩圆形，薄革质。**花：** 雄花无花被，苞片倒卵状匙形；雌花单生，苞片倒卵形，扁而长，先端2裂。**果：** 翅果扁平，长椭圆形。**种子：** 种子扁平，线形，两端圆形。早春开花，秋后果实成熟。

【药材名】杜仲（药用部位：皮）；杜仲叶（药用部位：叶）。

【性味、归经及功用】杜仲：甘，温。归肝、肾经。补肝肾，强筋骨，安胎。用于肝肾不足、腰膝酸痛、筋骨无力、头晕目眩、妊娠漏血、胎动不安。杜仲叶：微辛，温。归肝、肾经。补肝肾，强筋骨。用于肝肾不足、头晕目眩、腰膝酸痛、筋骨痿软。

【用法用量】杜仲：煎服，6～10 g。杜仲叶：煎服，10～15 g。

【采收加工】杜仲：4—6月剥取，刮去粗皮，堆置"发汗"至内皮呈紫褐色，晒干。杜仲叶：夏、秋二季枝叶茂盛时采收，晒干或低温烘干。

【植物速认】落叶乔木；树皮含橡胶；叶椭圆形，折断拉开有细丝。

1. 杜仲　2. 叶　3. 果　4. 杜仲叶（药材）　5. 杜仲（药材）

桑科 Moraceae —— 构属 *Broussonetia*

构树

Broussonetia papyrifera (Linnaeus) L'Heritier ex Ventenat

【植物形态】乔木,高10～20 m。**茎:** 树皮暗灰色;小枝密生柔毛。**叶:** 叶螺旋状排列,广卵形至长椭圆状卵形,先端渐尖,基部心形,两侧常不相等,边缘具粗锯齿,不分裂或3～5裂;叶柄,密被糙毛;托叶大,卵形,狭渐尖。**花:** 雌雄异株;雄花序为柔荑花序;雌花序球形头状,苞片棍棒状,顶端被毛,花被管状,顶端与花柱紧贴,柱头线形,被毛。**果:** 聚花果,成熟时橙红色,肉质。花期4—5月,果期6—7月。

【药材名】楮实子(药用部位:果实);构树皮(药用部位:皮);构树叶(药用部位:叶)。

【性味、归经及功用】楮实子:甘,寒。归肝、肾经。补肾清肝,明目,利尿。用于肝肾不足、腰膝酸软、虚劳骨蒸、头晕目昏、目生翳膜、水肿胀满。构树皮:甘,平。归肾经。利尿消肿,祛风湿。用于水肿、筋骨酸痛;外用治神经性皮炎及癣症。构树叶:甘,凉。归心、肝经。清热,凉血,利湿,杀虫。用于鼻衄、肠炎、痢疾。

【用法用量】楮实子:煎服,6～12 g。构树皮:煎服,15～25 g。构树叶:煎服,15～25 g。

【采收加工】楮实子:秋季果实成熟时采收,洗净,晒干,除去灰白色膜状宿萼和杂质。构树皮:冬春采根皮、树皮,鲜用或阴干。构树叶:夏秋采叶,除去杂质,晒干。

【植物速认】乔木;叶螺旋状排列,广卵形至长椭圆状卵形;果实成熟时橙红色,肉质,果实酸甜,可食用。

1. 构树 2. 雄花序 3. 雌花序 4. 楮实子(药材)

桑科 Moraceae —— 桑属 *Morus*

桑
Morus alba L.

【植物形态】乔木或为灌木，高3～10 m，胸径可达50 cm。**茎：**树皮厚，灰色，具不规则浅纵裂。**芽：**冬芽红褐色，卵形。**叶：**叶卵形或广卵形，先端急尖、渐尖或圆钝，基部圆形至浅心形，边缘锯齿粗钝，叶表面鲜绿色，无毛，背面沿脉有疏毛；叶柄具柔毛；托叶披针形，早落，外面密被细硬毛。**花：**花单性，与叶同时生出；雄花序下垂，密被白色柔毛；花被片宽椭圆形，淡绿色；雌花序被毛，雌花无梗，花被片倒卵形，无花柱，柱头2裂。**果：**聚花果卵状椭圆形，成熟时红色或暗紫色。花期4—5月，果期5—8月。

【药材名】桑叶（药用部位：叶）；桑枝（药用部位：枝）；桑葚（药用部位：果实）；桑白皮（药用部位：根皮）。

【性味、归经及功用】桑叶：甘、苦，寒。归肺、肝经。疏散风热，清肺润燥，清肝明目。用于风热感冒、肺热燥咳、头晕头痛、目赤昏花。桑枝：微苦，平。归肝经。祛风湿，利关节。用于风湿痹病、肩臂、关节酸痛麻木。桑葚：甘、酸，寒。归心、肝、肾经。滋阴补血，生津润燥。用于肝肾阴虚、眩晕耳鸣、心悸失眠、须发早白、津伤口渴、内热消渴、肠燥便秘。桑白皮：甘，寒。归肺经。泻肺平喘，利水消肿。用于肺热喘咳、水肿。

【用法用量】桑叶：煎服，5～10 g。桑枝：煎服，9～15 g。桑葚：煎服，9～15 g。桑白皮：煎服，6～12 g。

【采收加工】桑叶：除去杂质，晒干。桑枝：春末夏初采收，去叶，晒干，或趁鲜切片，晒干。桑葚：4—6月果实变红时采收，晒干，或略蒸后晒干。桑白皮：秋末叶落时至次春发芽前采挖根部，刮去黄棕色粗皮，纵向剖开，剥取根皮，晒干。

【植物速认】乔木或为灌木；叶卵形或广卵形；果实成熟时为红色或暗紫色，俗称“桑葚”。

1	2	3	4
	5	6	7

1. 桑　2、4. 果　3. 叶　5. 桑葚（药材）　6. 桑叶（药材）　7. 桑白皮（药材）

大麻科 Cannabaceae —— 葎草属 *Humulus*

葎草

Humulus scandens (Lour.) Merr.

【植物形态】缠绕草本。**茎:** 具倒钩刺。**叶:** 叶纸质,肾状五角形,掌状5～7深裂稀为3裂,基部心脏形,表面粗糙,疏生糙伏毛,背面有柔毛和黄色腺体,裂片卵状三角形,边缘具锯齿。**花:** 雄花小,黄绿色,圆锥花序;雌花序球果状,苞片纸质,三角形,顶端渐尖,具白色绒毛;柱头2,伸出苞片外。**果:** 瘦果,扁球形。花期春夏,果期秋季。

【药材名】葎草(药用部位:全草)。

【性味、归经及功用】甘、苦,寒。归肺、胃、大肠、膀胱经。清热解毒,退热除蒸,利尿通淋。用于肺热咳嗽、发热烦渴、骨蒸潮热、热淋涩痛、湿热泻痢、热毒疮疡、皮肤瘙痒。

【用法用量】煎服,10～20 g。

【采收加工】夏、秋二季采集,除去杂质,晒干或趁鲜切段晒干。

【植物速认】缠绕草本;茎、枝、叶柄均具倒钩刺;叶纸质,肾状五角形。

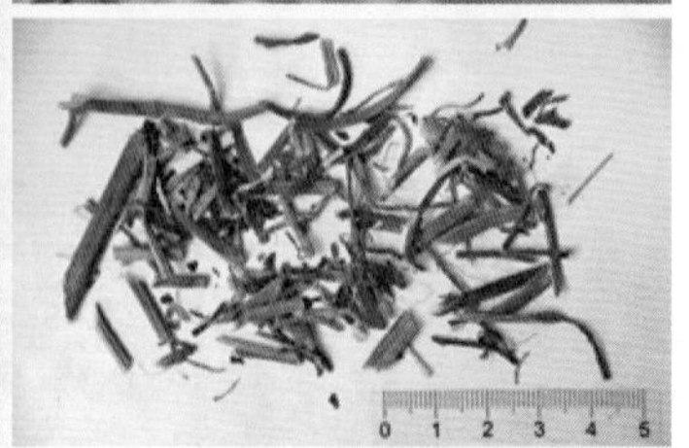

1. 葎草 2. 茎、叶 3. 茎 4. 葎草(药材)

蓼科 Polygonaceae —— 荞麦属 *Fagopyrum*

荞麦

Fagopyrum esculentum Moench

【植物形态】一年生草本，高30～90 cm。**茎：**茎直立，上部分枝，绿色或红色，具纵棱，无毛或于一侧沿纵棱具乳头状突起。**叶：**叶三角形或卵状三角形，顶端渐尖，基部心形，两面沿叶脉具乳头状突起；托叶鞘膜质，短筒状。**花：**花序总状或伞房状，顶生或腋生，花被5深裂，白色或淡红色，花被片椭圆形。**果：**瘦果卵形。**种子：**三角形。花期5—9月，果期6—10月。

【药材名】荞麦（药用部位：种子）。

【性味、归经及功用】甘，凉。归脾、胃、大肠经。开胃宽肠，下气消积。用于绞肠痧、肠胃积滞、慢性泄泻、噤口痢疾、赤游丹毒、痈疽、瘰疬、汤火灼伤。

【用法用量】煎服，9～15 g。外用适量。

【采收加工】霜降前后果实成熟收割，打下果实，晒干。

【植物速认】一年生草本；叶三角形或卵状三角形，托叶鞘膜质，短筒状；花序总状或伞房状，白色或淡红色。

1. 荞麦　2. 叶　3. 花

蓼科 Polygonaceae —— 萹蓄属 *Polygonum*

习见蓼

Polygonum plebeium R. Br.

【植物形态】一年生草本。**茎:** 平卧,自基部分枝,具纵棱,沿棱具小突起。**叶:** 狭椭圆形或倒披针形,两面无毛,托叶鞘膜质,白色,透明。**花:** 3～6朵,簇生于叶腋,遍布于全植株;苞片膜质;花被5深裂。**果:** 瘦果宽卵形,具3锐棱或双凸镜状,黑褐色,平滑,有光泽。花期5—8月,果期6—9月。

【药材名】习见蓼(药用部位:全草)。

【性味、归经及功用】苦,凉。归膀胱、大肠、肝经。利水通淋,化浊杀虫。用于恶疮疥癣、淋浊、蛔虫病。

【用法用量】煎服,10～15 g,鲜品30～60 g。外用适量。

【采收加工】夏季叶茂盛时采收,割取地上部分,除去杂质,切断,晒干。

【植物速认】一年生草本;茎平卧;叶狭椭圆形或倒披针形,托叶鞘膜质,白色,透明,顶端撕裂。

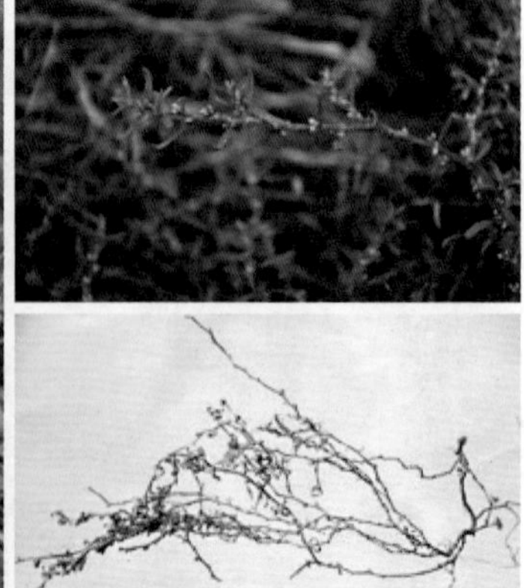

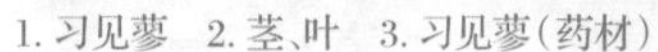

1. 习见蓼　2. 茎、叶　3. 习见蓼(药材)

1 2 3

蓼科 Polygonaceae —— 萹蓄属 *Polygonum*

萹蓄

Polygonum aviculare L.

【植物形态】一年生草本，高10～40 cm。**茎：**茎平卧、上升或直立，自基部多分枝，具纵棱。**叶：**叶互生，椭圆形、狭椭圆形或披针形，全缘，绿色，两面无毛。**花：**花单生或数朵簇生于叶腋，花被片椭圆形，绿色，边缘白色或淡红色。**果：**瘦果卵形，具3棱。花期6—8月，果期9—10月。

【药材名】萹蓄（药用部位：全草）。

【性味、归经及功用】苦，寒。归膀胱经。利尿通淋，杀虫，止痒。用于热淋涩痛、小便短赤、虫积腹痛、皮肤湿疹、阴痒带下。

【用法用量】煎服，9～15 g。外用适量，煎洗患处。

【采收加工】夏季叶茂盛时采收，除去根和杂质，晒干。

【植物速认】一年生草本；叶椭圆形，托叶鞘膜质，下部褐色，上部白色，撕裂脉明显；花单生或数朵簇生于叶腋，遍布于植株。

1	2
3	4

1. 萹蓄　2. 花　3. 茎　4. 萹蓄（药材）

蓼科 Polygonaceae —— 萹蓄属 *Polygonum*

酸模叶蓼

Polygonum lapathifolium L.

【植物形态】一年生草本,高40～90 cm。**茎:** 茎直立,具分枝,无毛,节部膨大。**叶:** 叶披针形或宽披针形,叶上有黑褐色新月形斑点,两面沿中脉被短硬伏毛,全缘,边缘具粗缘毛。**花:** 总状花序呈穗状,顶生或腋生,常由数个花穗再组成圆锥状,花序梗被腺体;苞片漏斗状;雄蕊通常6。**果:** 瘦果宽卵形。花期6—8月,果期7—9月。

【药材名】酸模叶蓼(药用部位:全草);水红花子(药用部位:种子)。

【性味、归经及功用】酸模叶蓼:辛、苦,微温。清热解毒,除湿,活血。用于疮疡肿痛、腹泻、湿疹、风湿痹痛、跌打损伤、月经不调。水红花子:咸,寒。消瘀破积,健脾利湿。用于胁腹癥积、水臌、胃疼、食少腹胀、火眼、疮肿、瘰疬。

【用法用量】酸模叶蓼:煎服,3～10 g。外用适量,捣敷,或煎水洗。水红花子:煎服,二至三钱(大剂一两);研末、熬膏或浸酒。外用熬膏,或捣烂敷。

【采收加工】酸模叶蓼:夏、秋采,除去杂质,晒干。水红花子:8—10月间割取果穗,晒干,打落果实,除去杂质。

【植物速认】一年生草本;茎节部膨大;叶披针形或宽披针形,常有一个大的黑褐色新月形斑点,托叶鞘筒状,膜质。

1. 酸模叶蓼　2. 叶　3. 花　4. 茎　5. 酸模叶蓼(药材)　6. 水红花子(药材)

1	2	3	4
	5		6

蓼科 Polygonaceae —— 萹蓄属 *Polygonum*

红蓼

Polygonum orientale L.

【植物形态】一年生草本，高1～2 m。**茎：**茎直立，粗壮，上部多分枝，密被开展的长柔毛。**叶：**叶宽卵形、宽椭圆形或卵状披针形，边缘全缘，密生缘毛，两面密生短柔毛，叶脉上密生长柔毛；叶柄具长柔毛；托叶鞘筒状，膜质，被长柔毛，具长缘毛，沿顶端具草质、绿色的翅。**花：**总状花序呈穗状，顶生或腋生；花被淡红色或白色。**果实：**瘦果近圆形。花期6—9月，果期8—10月。

【药材名】水红花子（药用部位：果实）。

【性味、归经及功用】咸，微寒。归肝、胃经。散血消癥，消积止痛，利水消肿。用于癥瘕痞块、瘿瘤、食积不消、胃脘胀痛、水肿腹水。

【用法用量】煎服，15～30 g。外用适量，熬膏敷患处。

【采收加工】秋季果实成熟时割取果穗，晒干，打下果实，除去杂质。

【植物速认】一年生草本；叶宽卵形，两面密生短柔毛，托叶鞘筒状，膜质；总状花序穗状，微下垂，淡红色或白色。

1. 红蓼　2. 花　3. 茎　4. 水红花子（药材）

蓼科 Polygonaceae —— 酸模属 *Rumex*

齿果酸模

Rumex dentatus L.

【植物形态】一年生草本，高30～70 cm。**茎：**茎直立，自基部分枝，枝斜上，具浅沟槽。**叶：**茎下部叶长圆形或长椭圆形，顶端圆钝或急尖，基部圆形或近心形，边缘浅波状，茎生叶较小。**花：**花序总状，顶生和腋生，圆锥状花序，多花，轮状排列，花轮间断。**果：**瘦果卵形。花期4—5月，果期6月。

【药材名】齿果酸模（药用部位：根）。

【性味、归经及功用】苦，寒。归胃、大肠经。清热解毒，杀虫止痒。用于乳痈、疮疡肿毒、疥癣。

【用法用量】煎服，3～10 g。外用适量，捣敷。

【采收加工】秋季挖根，除去泥土，晒干。

【植物速认】一年生草本；茎下部叶长圆形；花序总状，多花，轮状排列；全部具小瘤，瘦果卵形，具3锐棱。

1. 齿果酸模　2. 花　3. 齿果酸模（药材）

蓼科 Polygonaceae —— 酸模属 *Rumex*

巴天酸模

Rumex patientia L.

【植物形态】多年生草本，高90～150 cm。**根：**根肥厚，直径可达3 cm。**茎：**茎直立，粗壮，具沟槽。**叶：**基生叶长圆形或长圆状披针形，顶端急尖，基部圆形或近心形，边缘波状；叶柄粗壮，茎上部叶披针形，较小；具短叶柄或近无柄；托叶鞘筒状，膜质，易破裂。**花：**花序圆锥状；花两性；花梗细弱，中下部具关节；全部或一部具小瘤。**果：**瘦果卵形。花期5—6月，果期6—7月。

【药材名】牛西西（药用部位：根）。

【性味、归经及功用】苦、酸，寒；有小毒。归心、肺、小肠、大肠经。凉血止血，清热解毒，通便杀虫。用于痢疾、泄泻、肝炎、跌打损伤、大便秘结、痈疮疥癣。

【用法用量】煎服，10～30 g。外用适量，捣敷，醋磨涂，或研末调敷，或煎汤洗。

【采收加工】根全年可采，除去杂质，晒干。

【植物速认】多年生草本；基生叶长圆形，基部圆形或近心形；花序圆锥状，大型，全部或一部具小瘤。

1. 巴天酸模　2. 叶　3. 花　4. 牛西西（药材）

商陆科 Phytolaccaceae —— 商陆属 *Phytolacca*

垂序商陆

Phytolacca americana L.

【植物形态】多年生草本，高1～2 m。**根：** 根粗壮，肥大，倒圆锥形。**茎：** 茎直立，圆柱形，有时带紫红色。**叶：** 叶片椭圆状卵形或卵状披针形，顶端急尖，基部楔形。**花：** 总状花序顶生或侧生，花白色，微带红晕，花被片5，雄蕊、心皮及花柱通常均为10，心皮合生。**果实：** 浆果扁球形。**种子：** 种子肾圆形。花期6—8月，果期8—10月。

【药材名】商陆（药用部位：根）。

【性味、归经及功用】苦，寒；有毒。归肺、脾、肾、大肠经。逐水消肿，通利二便；外用解毒散结。用于水肿胀满、二便不通；外治痈肿疮毒。

【用法用量】煎服，3～9 g。外用适量，煎汤熏洗。

【采收加工】秋季至次春采挖，除去须根和泥沙，切成块或片，晒干或阴干。

【植物速认】多年生草本；叶片椭圆状卵形或卵状披针；果序下垂，浆果扁球形，熟时紫黑色。

1. 垂序商陆　2. 花　3. 果　4. 商陆（药材）

马齿苋科 Portulacaceae —— 马齿苋属 *Portulaca*

马齿苋

Portulaca oleracea L.

【植物形态】一年生草本，全株无毛。**茎：**茎平卧或斜倚，伏地铺散，多分枝，圆柱形，淡绿色或带暗红色。**叶：**叶互生，近对生，叶片扁平，肥厚，倒卵形，似马齿状，顶端圆钝或平截，有时微凹，基部楔形，全缘，上面暗绿色，下面淡绿色或带暗红色，中脉微隆起；叶柄粗短。**花：**花无梗，常3～5朵簇生枝端，午时盛开，花瓣5，稀4，黄色，倒卵形。**果实：**蒴果卵球形。**种子：**种子细小，多数，偏斜球形，黑褐色。花期5—8月，果期6—9月。

【药材名】马齿苋（药用部位：全草）。

【性味、归经及功用】酸，寒。归肝、大肠经。清热解毒，凉血止血，止痢。用于热毒血痢、痈肿疔疮、湿疹、丹毒、蛇虫咬伤、便血、痔血、崩漏下血。

【用法用量】煎服，9～15 g。外用适量，捣敷患处。

【采收加工】夏、秋二季采收，除去残根和杂质，洗净，略蒸或烫后晒干。

【植物速认】一年生草本；叶互生，叶片扁平，肥厚，倒卵形，似马齿状；花黄色。

1. 马齿苋　2. 叶　3. 花　4. 马齿苋（药材）

石竹科 Caryophyllaceae —— 石竹属 *Dianthus*

石竹

Dianthus chinensis L.

【植物形态】多年生草本,高30～50 cm,全株无毛,带粉绿色。**叶:** 叶片线状披针形,顶端渐尖,基部稍狭,全缘或有细小齿。**花:** 花单生枝端或数花集成聚伞花序;花瓣紫红色、粉红色、鲜红色或白色,瓣片倒卵状三角形;雄蕊露出喉部外,花药蓝色;花柱线形。**果:** 蒴果圆筒形,包于宿存萼内,顶端4裂。**种子:** 种子黑色,扁圆形。花期5—6月,果期7—9月。

【药材名】瞿麦(药用部位:全草)。

【性味、归经及功用】苦,寒。归心、小肠经。利尿通淋,活血通经。用于热淋、血淋、石淋、小便不通、淋沥涩痛、经闭瘀阻。

【用法用量】煎服,9～15 g。

【采收加工】夏、秋二季花果期采割,除去杂质,干燥。

【植物速认】多年生草本;有关节,节处膨大;叶片线状披针形;花单生枝端或数花集成聚伞花序,紫红色、粉红色、鲜红色或白色。

1. 石竹　2. 花　3. 瞿麦(药材)

石竹科 Caryophyllaceae —— 鹅肠菜属 *Myosoton*

鹅肠菜

Myosoton aquaticum (L.) Moench

【植物形态】二年生或多年生草本。**根**：须根。**茎**：茎上升，多分枝，上部被腺毛。**叶**：叶片卵形或宽卵形，顶端急尖，基部稍心形，边缘具毛，上部叶常无柄或具短柄，疏生柔毛。**花**：顶生二歧聚伞花序；花瓣白色，2深裂至基部，裂片线形或披针状线形；雄蕊10，稍短于花瓣；花柱短，线形。**果**：蒴果卵圆形。**种子**：种子近肾形，稍扁，褐色，具小疣。花期5—8月，果期6—9月。

【药材名】鹅肠草(药用部位：全草)。

【性味、归经及功用】甘、淡，平。归肝、肺经。清热解毒，活血消肿。用于肺炎、痢疾、高血压、月经不调、痈疽痔疮。

【用法用量】煎服，25～50 g。外用适量，鲜草捣烂敷患处。

【采收加工】春季采收，晒干备用。

【植物速认】二年生或多年生草本；叶片卵形或宽卵形；顶生二歧聚伞花序，花瓣白色。

1. 鹅肠菜　2. 花　3. 鹅肠草(药材)

石竹科 Caryophyllaceae —— 蝇子草属 *Silene*

女娄菜

Silene aprica Turcx. ex Fisch. et Mey.

【植物形态】一年生或二年生草本，高30～70 cm，全株密被灰色短柔毛。**根：**主根较粗壮，稍木质。**茎：**茎单生或数个，直立，分枝或不分枝。**叶：**基生叶叶片倒披针形或狭匙形；茎生叶叶片倒披针形、披针形或线状披针形，比基生叶稍小。**花：**圆锥花序；苞片披针形，草质，渐尖，具缘毛；花萼卵状钟形；雌雄蕊柄极短或近无，被短柔毛；花瓣白色或淡红色，倒披针形。**果：**蒴果卵形。**种子：**种子圆肾形，灰褐色，肥厚，具小瘤。花期5—7月，果期6—8月。

【药材名】女娄菜（药用部位：全草）。

【性味、归经及功用】苦、甘，平。归肝、脾经。活血调经，散积健脾，解毒。用于月经不调、乳少、小儿疳积、脾虚浮肿、疔疮肿毒。

【用法用量】煎服，9～15 g，大剂量可用至30 g，或研末。外用适量，鲜品捣敷。

【采收加工】夏、秋采，洗净晒干。

【植物速认】一年生或二年生草本；基生叶叶片倒披针形或狭匙形；圆锥花序，花瓣白色或淡红色；蒴果卵形。

1、4. 女娄菜　2. 茎　3. 果

石竹科 Caryophyllaceae —— 繁缕属 *Stellaria*

中国繁缕

Stellaria chinensis Regel

【植物形态】多年生草本，高30～100 cm。**根：**根须状。**茎：**茎细弱，铺散或上升，具四棱，无毛。**叶：**叶片卵形至卵状披针形，顶端渐尖，基部宽楔形或近圆形，全缘，两面无毛。**花：**聚伞花序疏散；花瓣5，白色，2深裂，与萼片近等长；雄蕊10，稍短于花瓣；花柱3。**果：**蒴果卵萼形。**种子：**种子卵圆形，稍扁，褐色，具乳头状凸起。花期5—6月，果期7—8月。

【药材名】中国繁缕（药用部位：全草）。

【性味、归经及功用】苦、辛，平。归肝、大肠经。清热解毒，活血止痛。用于乳痈、肠痈、疖肿、跌打损伤、产后瘀痛、风湿骨痛、牙痛。

【用法用量】煎服，15～30 g。外用适量，捣敷。

【采收加工】春、夏、秋季采集，去尽泥土，鲜用或晒干。

【植物速认】多年生草本；茎细弱，具四棱；叶片卵形至卵状披针形；聚伞花序疏散，花瓣白色。

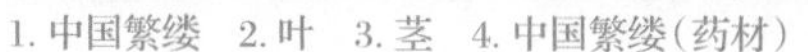
1. 中国繁缕　2. 叶　3. 茎　4. 中国繁缕（药材）

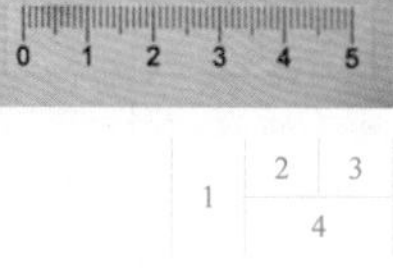

藜科 Chenopodiaceae —— 地肤属 *Kochia*

地肤

Kochia scoparia (L.) Schrad.

【植物形态】一年生草本，高50～100 cm。**根：**根略呈纺锤形。**茎：**茎直立，圆柱状，淡绿色或带紫红色，有条棱，具短柔毛或下部无毛。**叶：**叶为平面叶，披针形或条状披针形，无毛或稍有毛，通常有3条明显的主脉，边缘有疏生的锈色绢状缘毛。**花：**花两性或雌性，构成疏穗状圆锥状花序；花被近球形，淡绿色，花被裂片近三角形，无毛；柱头2，丝状，紫褐色，花柱极短。**果：**胞果扁球形，果皮膜质。**种子：**种子卵形，黑褐色。花期6—9月，果期7—10月。

【药材名】地肤子（药用部位：果实）。

【性味、归经及功用】辛、苦，寒。归肾、膀胱经。清热利湿，祛风止痒。用于小便涩痛、阴痒带下、风疹、湿疹、皮肤瘙痒。

【用法用量】煎服，9～15 g。外用适量，煎汤熏洗。

【采收加工】秋季果实成熟时采收植株，晒干，打下果实，除去杂质。

【植物速认】一年生草本；叶为平面叶，通常有3条明显的主脉；胞果扁球形。

1. 地肤　2. 叶　3. 地肤子（药材）

苋科 Amaranthaceae —— 苋属 *Amaranthus*

凹头苋

Amaranthus blitum Linnaeus

【植物形态】一年生草本,高 10～30 cm,全体无毛。**茎:** 伏卧而上升,从基部分枝,淡绿色或紫红色。**叶:** 卵形或菱状卵形,长 1.5～4.5 cm,宽 1～3 cm,顶端凹缺,有 1 芒尖,或微小不显,基部宽楔形,全缘或稍呈波状;叶柄长 1～3.5 cm。**花:** 花成腋生花簇,生在茎端和枝端者成直立穗状花序或圆锥花序;花被片矩圆形或披针形,淡绿色,顶端急尖。**果:** 胞果扁卵形,不裂,微皱缩而近平滑。**种子:** 种子环形,直径约 12 mm,黑色至黑褐色,边缘具环状边。花期 7—8 月,果期 8—9 月。

【药材名】野苋菜(药用部位:全草)。

【性味、归经及功用】甘、淡,凉。归肝经。清热利湿。用于肠炎、痢疾、咽炎、乳腺炎、痔疮肿痛出血、毒蛇咬伤。

【用法用量】煎服,12～18 g。外用鲜草适量,捣烂敷患处。

【采收加工】夏、秋采收,鲜用或晒干。

【植物速认】一年生草本;全体无毛;叶菱状卵形,顶端凹缺;淡绿色穗状花序。

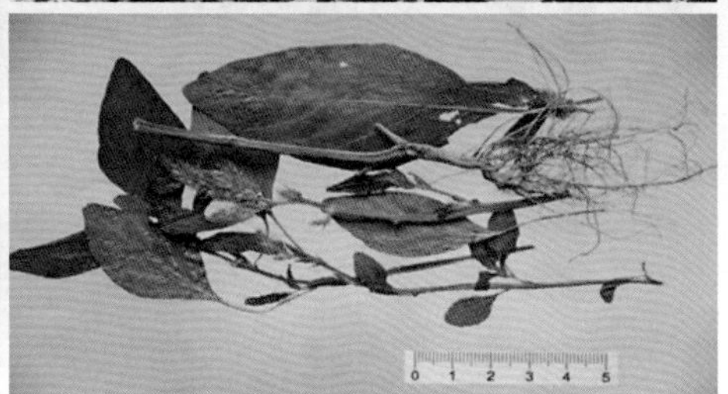

1. 凹头苋　2. 叶　3. 野苋菜(药材)

苋科 Amaranthaceae —— 苋属 *Amaranthus*

北美苋

Amaranthus blitoides S. Watson

【植物形态】一年生草本,高15～50 cm。**茎:** 大部分伏卧,从基部分枝,绿白色,全体无毛或近无毛。**叶:** 叶片密生,倒卵形、匙形至矩圆状倒披针形,顶端圆钝或急尖,具细凸尖,尖长达1 mm,基部楔形,全缘;叶柄长5～15 mm。**花:** 腋生花簇,比叶柄短,有少数花,苞片及小苞片披针形,顶端急尖,具尖芒;花被片4,有时5,卵状披针形至矩圆披针形,绿色;柱头3,顶端卷曲。**果:** 胞果椭圆形,长2 mm,环状横裂,上面带淡红色。**种子:** 卵形,直径约1.5 mm,黑色,稍有光泽。花期8—9月,果期9—10月。

【植物速认】一年生草本;叶倒卵形,顶端具细凹尖,有光泽,叶上常有白斑;花腋生。

1. 北美苋　2、3. 叶

苋科 Amaranthaceae —— 苋属 *Amaranthus*

反枝苋

Amaranthus retroflexus L.

【植物形态】一年生草本，高20～80 cm，有时达1 m多。**茎：**直立，粗壮，单一或分枝，淡绿色，有时具带紫色条纹，稍具钝棱，密生短柔毛。**叶：**叶片菱状卵形或椭圆状卵形，顶端锐尖或尖凹，有小凸尖，基部楔形，全缘或波状缘，两面及边缘有柔毛，下面毛较密；叶柄淡绿色，有时淡紫色，有柔毛。**花：**圆锥花序顶生及腋生，直立，由多数穗状花序形成；花被片矩圆形或矩圆状倒卵形，薄膜质，白色，有1淡绿色细中脉，顶端急尖或尖凹，具凸尖。**果：**胞果扁卵形，长约1.5 mm，环状横裂，薄膜质，淡绿色，包裹在宿存花被片内。**种子：**种子近球形，直径1 mm，棕色或黑色，边缘钝。花期7—8月，果期8—9月。

【药材名】野苋菜（药用部位：全草）。

【性味、归经及功用】甘，微寒。归大肠、小肠经。清热解毒，利尿。用于痢疾、腹泻、疔疮肿毒、毒蛇咬伤、蜂螫伤、小便不利、水肿。

【用法用量】煎服，9～30 g。外用适量，捣敷。

【采收加工】夏、秋采收，洗净晒干。

【植物速认】一年生草本；叶菱状卵形，表面粗糙；穗状花序形成圆锥花序顶生。

1. 反枝苋　2. 花　3. 野苋菜（药材）

苋科 Amaranthaceae —— 苋属 *Amaranthus*

腋花苋

Amaranthus roxburghianus Kung

【植物形态】一年生草本，高30～65 mm。**茎：**直立，多分枝，淡绿色，全体无毛。**叶：**叶片菱状卵形、倒卵形或矩圆形，长2～5 cm，宽1～2.5 cm，顶端微凹，具凸尖，基部楔形，波状缘；叶柄长1～2.5 cm，纤细。**花：**花成腋生短花簇，花数少且疏生；苞片及小苞片钻形，背面有1绿色隆起中脉，顶端具芒尖；花被片披针形，顶端渐尖，具芒尖；雄蕊比花被片短。**果：**胞果卵形，长3 mm，环状横裂，和宿存花被略等长。**种子：**种子近球形，直径约1 mm，黑棕色，边缘加厚。花期7—8月，果期8—9月。

【植物速认】一年生草本；叶片菱状卵形，顶端微凹；花腋生。

1. 腋花苋　2. 叶　3. 花

苋科 Amaranthaceae —— 苋属 *Amaranthus*

皱果苋

Amaranthus viridis L.

【植物形态】一年生草本,高40～80 cm,全体无毛。**茎:** 直立,有不显明棱角,稍有分枝,绿色或带紫色。**叶:** 叶片卵形、卵状矩圆形或卵状椭圆形,顶端尖凹或凹缺,少数圆钝,有1芒尖,基部宽楔形或近截形,全缘或微呈波状缘;叶柄长3～6 cm,绿色或带紫红色。**花:** 圆锥花序顶生,有分枝,由穗状花序形成,圆柱形,细长,直立;花被片矩圆形或宽倒披针形,内曲,顶端急尖,背部有1绿色隆起中脉;雄蕊比花被片短。**果:** 胞果扁球形,直径约2 mm,绿色,不裂,极皱缩,超出花被片。**种子:** 种子近球形,直径约1 mm,黑色或黑褐色,具薄且锐的环状边缘。花期6—8月,果期8—10月。

【药材名】白苋(药用部位:全草)。

【性味、归经及功用】甘、淡,凉。归大肠、小肠经。清热,解毒。用于疮肿、牙疳、虫咬。

【用法用量】煎服,50～100 g。外用,煎水洗,捣敷,或煅研外擦。

【采收加工】春、夏采收,除去杂质,晒干。

【植物速认】一年生草本;叶卵形;穗状花序形成圆锥花序顶生;胞果扁球形,极皱缩。

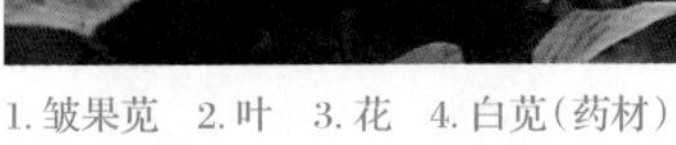

1. 皱果苋　2. 叶　3. 花　4. 白苋(药材)

1 2 3 4

苋科 Amaranthaceae —— 藜属 *Chenopodium*

藜

Chenopodium album L.

【植物形态】一年生草本，高30～150 cm。**茎:** 茎直立，粗壮，具条棱及绿色或紫红色色条，多分枝。**叶:** 叶片菱状卵形至宽披针形，先端急尖或微钝，基部楔形至宽楔形，上面通常无粉，边缘具不整齐锯齿。**花:** 花两性，穗状圆锥状或圆锥状花序；雄蕊5，花药伸出花被，柱头2。**种子:** 种子横生，双凸镜状。花果期5—10月。

【药材名】藜(药用部位：全草)。

【性味、归经及功用】甘，平。归肺、肝经。清热祛湿，解毒消肿，杀虫止痒。用于发热、咳嗽、痢疾、腹泻、腹痛、疝气、龋齿痛、湿疹、疥癣、白癜风。

【用法用量】煎服，15～30 g。外用适量，煎水漱口或熏洗，或捣涂。

【采收加工】春、夏季割取全草，去杂质，鲜用或晒干备用。

【植物速认】一年生草本；叶片菱状卵形至宽披针形；穗状圆锥状或圆锥状花序。

1. 藜　2. 叶　3. 花　4. 藜(药材)

苋科 Amaranthaceae —— 碱猪毛菜属 *Salsola*

猪毛菜

Salsola collina Pall.

【植物形态】一年生草本，高20～100 cm。**茎**：茎、枝绿色，有白色或紫红色条纹，生短硬毛或近于无毛。**叶**：叶片丝状圆柱形，伸展或微弯曲，生短硬毛，顶端有刺状尖，基部边缘膜质，稍扩展而下延。**花**：花序穗状，花被片卵状披针形，果时变硬，自背面中上部生鸡冠状突起；柱头丝状。**种子**：种子横生或斜生。花期7—9月，果期9—10月。

【药材名】猪毛菜（药用部位：全草）。

【性味、归经及功用】淡，凉。归肝经。平肝潜阳，润肠通便。用于高血压、头痛、眩晕、肠燥便秘。

【用法用量】煎服，15～30 g，或开水泡后代茶饮。

【采收加工】夏、秋季开花时割取全草，晒干，除去泥沙，打成捆，备用。

【植物速认】一年生草本；叶片丝状圆柱形，顶端有刺状尖。

1. 猪毛菜　2. 叶　3. 猪毛菜（药材）

毛茛科 Ranunculaceae —— 铁线莲属 *Clematis*

黄花铁线莲

Clematis intricata Bunge

【植物形态】草质藤本。**茎:** 纤细,多分枝,有细棱,近无毛或有疏短毛。**叶:** 一至二回羽状复叶;小叶有柄,2～3全裂或深裂,浅裂,中间裂片线状披针形、披针形或狭卵形,顶端渐尖,基部楔形,全缘或有少数牙齿。**花:** 聚伞花序腋生,通常为3花,有时单花;萼片4,黄色,狭卵形或长圆形,顶端尖,两面无毛,偶尔内面有极稀柔毛,外面边缘有短绒毛。**果:** 瘦果卵形至椭圆状卵形,扁,长2～3.5 mm,边缘增厚,被柔毛。花期6—7月,果期8—9月。

【药材名】铁线透骨草(药用部位:全草)。

【性味、归经及功用】辛、咸,温。归肾、膀胱经。祛风除湿,通络止痛。用于风湿性关节炎、痒疹、疥癞。

【用法用量】煎服,10～15 g,或浸酒。外用捣敷。

【采收加工】夏、秋间采割,去净杂草,晒干。

【植物速认】草质藤本;茎有细棱;一回至二回羽状复叶,小叶23全裂;花黄色。

1. 黄花铁线莲　2. 叶　3. 花

毛茛科 Ranunculaceae —— 铁线莲属 *Clematis*

太行铁线莲

Clematis kirilowii Maxim.

【植物形态】木质藤本。**茎:** 茎、小枝有短柔毛,老枝近无毛。**叶:** 一至二回羽状复叶,小叶片或裂片革质,卵形至卵圆形,或长圆形。**花:** 聚伞花序或为总状、圆锥状聚伞花序。**果:** 瘦果卵形至椭圆形,扁,宿存花柱长约2.5 cm。花期6—8月,果期8—9月。

【药材名】太行铁线莲(药用部位:根)。

【性味、归经及功用】辛、咸,温。归膀胱、肝经。祛湿,利尿,消肿,解毒。用于胆结石、跟骨骨刺、足跟痛、食管癌。

【用法用量】煎服,6～9 g。

【采收加工】秋季挖出,去净茎叶,洗净泥土,晒干,或切成段后晒干。

【植物速认】木质藤本;茎有柔毛;一至二回羽状复叶;聚伞花序,白色。

1. 太行铁线莲 2. 花

小檗科 Berberidaceae —— 小檗属 *Berberis*

日本小檗

Berberis thunbergii DC.

【植物形态】落叶灌木，一般高约1 m，多分枝。**茎：**枝条开展，具细条棱，幼枝淡红带绿色，无毛，老枝暗红色，茎刺单一，偶3分叉，长5～15 mm，节间长1～1.5 cm。**叶：**叶薄纸质，倒卵形、匙形或菱状卵形，先端骤尖或钝圆，基部狭而呈楔形，全缘，上面绿色，背面灰绿色，中脉微隆起，两面网脉不显，无毛。**花：**花2～5朵组成具总梗的伞形花序；小苞片卵状披针形，带红色；花黄色，花瓣长圆状倒卵形，具2枚近靠的腺体。**果：**浆果椭圆形，长约8 mm，直径约4 mm，亮鲜红色，无宿存花柱。**种子：**种子1～2枚，棕褐色。花期4—6月，果期7—10月。

【药材名】一颗针（药用部位：根、茎、叶）。

【性味、归经及功用】苦，寒。归胃、大肠、肝、胆经。清热燥湿，泻火解毒。用于急性肠炎、痢疾、黄疸、热痹、瘰疬、肺炎、结膜炎、痈肿疮疖、血崩。

【用法用量】煎服，5～15 g，或炖肉服。外用煎水滴眼，或研末撒，亦可煎水热敷。

【采收加工】春、秋季采收，洗净晒干。

【植物速认】落叶灌木；枝暗红色；茎刺单一；叶纸质；花黄色，伞形花序；浆果椭圆形，亮鲜红色。

1. 日本小檗　2. 花　3. 果　4. 一颗针（药材）

防己科 Menispermaceae —— 蝙蝠葛属 *Menispermum*

蝙蝠葛

Menispermum dauricum DC.

【植物形态】草质、落叶藤本。**茎:** 根状茎褐色,垂直生,茎自位于近顶部的侧芽生出,一年生茎纤细,有条纹,无毛。**叶:** 叶纸质或近膜质,轮廓通常为心状扁圆形,基部心形至近截平,两面无毛,下面有白粉。**花:** 圆锥花序单生或有时双生,有细长的总梗,有花数朵至20余朵;雄花:萼片4～8,膜质,绿黄色,倒披针形至倒卵状椭圆形;花瓣6～8或多至9～12片,肉质,凹成兜状,有短爪。**果:** 果紫黑色;果核宽约10 mm,高约8 mm,基部弯缺深约3 mm。花期6—7月,果期8—9月。

【药材名】北豆根(药用部位:根茎)。

【性味、归经及功用】苦,寒;有小毒。归肺、胃、大肠经。清热解毒,利湿消肿。用于咽喉肿痛、肺热咳嗽、痄腮、泻痢、黄疸、风湿痹痛、痔疮肿痛、食管癌、胃癌、蛇虫咬伤。

【用法用量】煎服,3～6 g。

【采收加工】春、秋季采挖,除去须根及泥沙,干燥。

【植物速认】草质、落叶藤本;叶纸质,叶柄盾状着生;花数朵,肉质;核果紫黑色。

1. 蝙蝠葛 2. 叶 3. 果 4. 北豆根(药材)

马兜铃科 Aristolochiaceae —— 马兜铃属 *Aristolochia*

北马兜铃

Aristolochia contorta Bunge

【植物形态】草质藤本。**茎:** 长达2 m以上,无毛,干后有纵槽纹。**叶:** 叶纸质,卵状心形或三角状心形,顶端短尖或钝,基部心形,边全缘,上面绿色,下面浅绿色,两面均无毛;基出脉5～7条,邻近中脉的二侧脉平行向上,略叉开,各级叶脉在两面均明显且稍凸起。**花:** 总状花序有花2～8朵或有时仅一朵生于叶腋;花序梗和花序轴极短或近无;花梗无毛,基部有小苞片;小苞片卵形,具长柄。

果: 蒴果宽倒卵形或椭圆状倒卵形顶端圆形而微凹,6棱,平滑无毛,成熟时黄绿色,由基部向上6瓣开裂;果梗下垂,随果开裂。**种子:** 种子三角状心形,灰褐色,扁平,具小疣点,浅褐色膜质翅。花期5—7月,果期8—10月。

【药材名】马兜铃(药用部位:果实);天仙藤(药用部位:地上部分)。

【性味、归经及功用】马兜铃:苦,微寒。归肺、大肠经。清肺降气,止咳平喘,清肠消痔。用于肺热喘咳、痰中带血、肠热痔血、痔疮肿痛。天仙藤:苦,温。归肝、脾、肾经。行气活血,通络止痛。用于脘腹刺痛、风湿痹痛。

【用法用量】马兜铃:煎服,3～9 g。天仙藤:煎服,3～6 g。

【采收加工】马兜铃:秋季果实由绿变黄时采收,干燥。天仙藤:秋季采割,除去杂质,晒干。

【植物速认】草质藤本;叶纸质,卵状心形或三角状心形,无毛;蒴果,果实具6棱。

1. 北马兜铃 2. 叶 3. 天仙藤(药材) 4. 马兜铃(药材)

芍药科 Paeoniaceae —— 芍药属 *Paeonia*

芍药

Paeonia lactiflora Pall.

【植物形态】多年生草本。**根:** 根粗壮，分枝黑褐色。**茎:** 茎高40～70 cm，无毛。**叶:** 下部茎生叶为二回三出复叶，上部茎生叶为三出复叶，小叶狭卵形，椭圆形或披针形，顶端渐尖，基部楔形或偏斜，边缘具白色骨质细齿，两面无毛，背面沿叶脉疏生短柔毛。**花:** 花数朵，生茎顶和叶腋；苞片4～5，披针形，大小不等；萼片4，宽卵形或近圆形；花瓣9～13，倒卵形，白色，有时基部具深紫色斑块。**果:** 蓇葖长2.5～3 cm，直径1.2～1.5 cm，顶端具喙。花期5—6月，果期8月。

【药材名】白芍（药用部位：根）。

【性味、归经及功用】苦、酸，微寒。归肝、脾经。养血调经，敛阴止汗，柔肝止痛，平抑肝阳。用于血虚萎黄、月经不调、自汗、盗汗、胁痛、腹痛、四肢挛痛、头痛眩晕。

【用法用量】煎服，6～15 g。

【采收加工】夏、秋二季采挖，洗净，除去头尾和细根，置沸水中煮后除去外皮或去皮后再煮，晒干。

【植物速认】多年生草本；叶狭卵形，稍革质；花常呈白色，大，栽培者，花瓣各色；蓇葖顶端具喙。

1. 芍药　2. 果　3. 白芍（药材）

芍药科 Paeoniaceae —— 芍药属 *Paeonia*

牡丹

Paeonia suffruticosa Andr.

【植物形态】落叶灌木。**茎:** 茎高达2 m；分枝短而粗。**叶:** 叶通常为二回三出复叶，顶生小叶宽卵形，3裂至中部，裂片不裂或2～3浅裂，表面绿色，无毛，背面淡绿色，有时具白粉，沿叶脉疏生短柔毛或近无毛，侧生小叶狭卵形或长圆状卵形，不等2裂至3浅裂或不裂，近无柄。**花:** 花单生枝顶；苞片5，长椭圆形，大小不等；萼片5，绿色，宽卵形，大小不等；花瓣5，或为重瓣，玫瑰色、红紫色、粉红色至白色，通常变异很大，倒卵形，顶端呈不规则的波状。**果:** 蓇葖长圆形，密生黄褐色硬毛。花期5月，果期6月。

【药材名】牡丹皮（药用部位：根皮）。

【性味、归经及功用】苦、辛，微寒。归心、肝、肾经。清热凉血，活血化瘀。用于热入营血、温毒发斑、吐血衄血、夜热早凉、无汗骨蒸、经闭痛经、跌扑伤痛、痈肿疮毒。

【用法用量】煎服，6～12 g。

【采收加工】秋季采挖根部，除去细根和泥沙，剥取根皮，晒干或刮去粗皮，除去木心，晒干。前者习称连丹皮，后者习称刮丹皮。

【植物速认】落叶灌木；二回三出复叶；花单生，玫瑰色、红紫色、粉红色至白色；蓇葖长圆形，密生黄褐色硬毛。

1. 牡丹　2. 叶　3. 果　4. 牡丹皮（药材）

罂粟科 Papaveraceae —— 白屈菜属 *Chelidonium*

白屈菜

Chelidonium majus L.

【植物形态】多年生草本，高30～60（～100）cm。**根：**主根粗壮，圆锥形，侧根多，暗褐色。**茎：**茎聚伞状多分枝，分枝常被短柔毛，节上较密，后变无毛。**叶：**基生叶少，早凋落，叶片倒卵状长圆形或宽倒卵形，羽状全裂，全裂片2～4对，倒卵状长圆形，具不规则的深裂或浅裂，裂片边缘圆齿状，表面绿色，无毛，背面具白粉，疏被短柔毛；叶柄长2～5 cm，被柔毛或无毛，基部扩大成鞘。**花：**伞形花序多花；花梗纤细，幼时被长柔毛，后变无毛；苞片小，卵形；花芽卵圆形；萼片卵圆形，舟状，无毛或疏生柔毛，早落；花瓣倒卵形，长约1 cm，全缘，黄色。**果：**蒴果狭圆柱形，具通常比果短的柄。**种子：**种子卵形，暗褐色，具光泽及蜂窝状小格。花果期4—9月。

【药材名】白屈菜（药用部位：全草）。

【性味、归经及功用】苦，凉；有毒。归肺、胃经。解痉止痛，止咳平喘。用于胃脘挛痛、咳嗽气喘、百日咳。

【用法用量】煎服，9～18 g。

【采收加工】夏、秋二季采挖，除去泥沙，阴干或晒干。

【植物速认】多年生草本；具橘黄色乳汁；叶倒卵状圆形，羽状全裂；花黄色。

1. 白屈菜　2. 叶　3. 花　4. 白屈菜（药材）

罂粟科 Papaveraceae —— 紫堇属 *Corydalis*

小药八旦子

Corydalis caudata (Lam.) Pers.

【植物形态】瘦弱多年生草本，高15～20 cm。**茎：**块茎圆球形或长圆形。茎基以上具1～2鳞片，鳞片上部具叶，枝条多发自叶腋，少数发自鳞片腋内。**叶：**叶1～3回三出；具细长的叶柄和小叶柄，叶柄基部常具叶鞘，小叶圆形至椭圆形，有时浅裂，下部苍白色。**花：**总状花序具3～8花，疏离；苞片卵圆形或倒卵形，下部的较大；花梗明显长于苞片；萼片小，早落；花蓝色或紫蓝色；上花瓣长约2 cm，瓣片较宽展，顶端微凹，距圆筒形，弧形上弯；蜜腺体约贯穿距长的3/4，顶端钝。**果：**蒴果卵圆形至椭圆形。**种子：**种子光滑，直径约2 mm，具狭长的种阜。

【植物速认】多年生草本；块茎圆球形；小叶圆形，有时浅裂；花蓝色或蓝紫色。

1. 小药八旦子　2. 叶

罂粟科 Papaveraceae —— 紫堇属 *Corydalis*

地丁草

Corydalis bungeana Turcz.

【植物形态】二年生灰绿色草本，高10～50 cm，具主根。**茎：**茎自基部铺散分枝，灰绿色，具棱。**叶：**叶片上面绿色，下面苍白色，二至三回羽状全裂，一回羽片3～5对，具短柄，二回羽片2～3对，顶端分裂成短小的裂片，裂片顶端圆钝。**花：**总状花序，多花，先密集，后疏离，果期伸长；花粉红色至淡紫色，平展。**果：**蒴果椭圆形，下垂，具2列种子。**种子：**种阜鳞片状，远离。

【药材名】苦地丁（药用部位：全草）。

【性味、归经及功用】苦，寒。归心、肝、大肠经。清热解毒，散结消肿。用于时疫感冒、咽喉肿痛、疔疮肿痛、痈疽发背、痄腮丹毒。

【用法用量】煎服，9～15 g。外用适量，煎汤洗患处。

【采收加工】夏季花果期采收，除去杂质，晒干。

【植物速认】一年生草本；叶片三角形，羽状全裂；花粉色、紫红色。

1. 地丁草　2. 花　3. 苦地丁（药材）

罂粟科 Papaveraceae —— 角茴香属 *Hypecoum*

角茴香

Hypecoum erectum L.

【植物形态】一年生草本，高15～30 cm。**根**：根圆柱形，长8～15 cm，向下渐狭，具少数细根。**茎**：花茎多，圆柱形，二歧状分枝。**叶**：基生叶多数，叶片轮廓倒披针形，长3～8 cm，多回羽状细裂，裂片线形，先端尖；叶柄细，基部扩大成鞘，茎生叶同基生叶，但较小。**花**：二歧聚伞花序多花；苞片钻形；萼片卵形，先端渐尖，全缘；花瓣淡黄色，无毛，外面2枚倒卵形或近楔形，先端宽，3浅裂，中裂片三角形，里面2枚倒三角形，3裂至中部以上，侧裂片较宽，具微缺刻，中裂片狭，匙形，先端近圆形。**果实**：蒴果长圆柱形，直立，先端渐尖，两侧稍压扁，成熟时分裂成2果瓣。**种子**：种子多数，近四棱形，两面均具十字形的突起。花果期5—8月。

【药材名】角茴香（药用部位：全草）。

【性味、归经及功用】苦、辛，凉。归肺、大肠、肝经。清热解毒，镇咳止痛。用于感冒发热、咳嗽、咽喉肿痛、肝热目赤、肝炎、胆囊炎、痢疾、关节疼痛。

【用法用量】煎服，10～15 g；研末，1.5～2.5 g。

【采收加工】春季开花前挖根及全草，晒干。

【植物速认】一年生草本；叶多回羽状细裂，裂片线形；花黄色；蒴果线形。

1	2	3
	4	

1. 角茴香　2. 叶　3. 花　4. 角茴香（药材）

十字花科 Brassicaceae —— 芸薹属 *Brassica*

芸薹

Brassica rapa var. *oleifera* de Candolle

【植物形态】二年生草本，高30～90 cm。**茎**：茎粗壮，直立，分枝或不分枝，无毛或近无毛，稍带粉霜。**叶**：基生叶大头羽裂，顶裂片圆形或卵形，边缘有不整齐弯缺牙齿；叶柄宽，基部抱茎；下部茎生叶羽状半裂，基部扩展且抱茎，两面有硬毛及缘毛；上部茎生叶长圆状倒卵形、长圆形或长圆状披针形，基部心形，抱茎，全缘或有波状细齿。**花**：总状花序在花期成伞房状，以后伸长；花鲜黄色；萼片长圆形，直立开展，顶端圆形，边缘透明，稍有毛；花瓣倒卵形，顶端近微缺，基部有爪。**果**：长角果线形，果瓣有中脉及网纹，萼直立，长9～24 mm。**种子**：种子球形，直径约1.5 mm，紫褐色。花期3—4月，果期5月。

【药材名】芸苔子（药用部位：种子）。

【性味、归经及功用】辛，温。归肺、肝、脾经。行血破气，消肿散结。用于产后血滞腹痛、血痢、肿毒、痔漏。

【用法用量】煎服，5～10 g。

【采收加工】夏季果实成熟、果皮尚未开裂时采割植株，晒干，打下种子，除去杂质，再晒干。

【植物速认】二年生草本；基生叶大头羽裂；花黄色；长角果线形。

1. 芸苔　2. 花　3. 果　4. 芸苔子（药材）

十字花科 Brassicaceae —— 荠属 *Capsella*

荠

Capsella bursa-pastoris (L.) Medic.

【植物形态】一年或二年生草本，高(7～)10～50 cm，无毛、有单毛或分叉毛。**茎：**茎直立，单一或从下部分枝。**叶：**基生叶丛生呈莲座状，大头羽状分裂，顶裂片卵形至长圆形；茎生叶窄披针形或披针形，基部箭形，抱茎，边缘有缺刻或锯齿。**花：**总状花序顶生及腋生，果期延长达20 cm；花梗长3～8 mm；萼片长圆形；花瓣白色，卵形，长2～3 mm，有短爪。**果：**短角果倒三角形或倒心状三角形，扁平，无毛，顶端微凹，裂瓣具网脉；花柱长约0.5 mm；果梗长5～15 mm。**种子：**种子2行，长椭圆形，长约1 mm，浅褐色。花果期4—6月。

【药材名】荠菜（药用部位：全草）；荠菜子（药用部位：种子）。

【性味、归经及功用】荠菜：甘、淡，凉。归肝、脾、膀胱经。清热利湿，平肝明目，凉血止血，和胃消滞。用于肾炎水肿、尿痛、尿血、便血、月经过多、目赤肿痛、小儿乳滞、腹泻、痢疾、乳糜尿、高血压。荠菜子：甘，平。归肝经。祛风明目。用于目痛、青盲翳障。

【用法用量】荠菜：煎服，9～15 g。荠菜子：煎服，10～30 g。

【采收加工】荠菜：春季开花结果时采收，洗净，晒干。荠菜子：6月间果实成熟时，采摘果枝，晒干，揉出种子。

【植物速认】一年或二年生草本；基生叶莲座状，大头羽状分裂，茎生叶披针形；花白色；短角果倒三角形或倒心状三角形。

1. 荠 2. 花 3. 果 4. 荠菜（药材） 5. 荠菜子（药材）

十字花科 Brassicaceae —— 播娘蒿属 *Descurainia*

播娘蒿

Descurainia sophia (L.) Webb ex Prantl

【植物形态】一年生草本，高20～80 cm。**茎：**茎直立，分枝多，常于下部成淡紫色。**叶：**叶为3回羽状深裂，末端裂片条形或长圆形，下部叶具柄，上部叶无柄。**花：**花序伞房状，果期伸长；萼片直立，早落，长圆条形，背面有分叉细柔毛；花瓣黄色，长圆状倒卵形，或稍短于萼片，具爪；雄蕊6枚，比花瓣长1/3。**果：**长角果圆筒状，无毛，稍内曲，与果梗不成1条直线，果瓣中脉明显；果梗长1～2 cm。**种子：**种子每室1行，种子形小多数，长圆形，稍扁，淡红褐色，表面有细网纹。花期4—5月。

【药材名】葶苈子（南葶苈）（药用部位：种子）。

【性味、归经及功用】辛、苦，大寒。归肺、膀胱经。泻肺平喘，行水消肿。用于痰涎壅肺、喘咳痰多、胸胁胀满、不得平卧、胸腹水肿、小便不利。

【用法用量】煎服，3～10 g，包煎。

【采收加工】夏季果实成熟时采割植株，晒干，搓出种子，除去杂质。

【植物速认】一年生草本；叶3回羽状深裂；花黄色；长角果圆筒状，无毛。

1. 播娘蒿　2. 花　3. 葶苈子（药材）

十字花科 Brassicaceae —— 糖芥属 *Erysimum*

小花糖芥

Erysimum cheiranthoides L.

【植物形态】一年生草本,高15～50 cm。**茎:** 茎直立,分枝或不分枝,有棱角,具2叉毛。**叶:** 基生叶莲座状,无柄,平铺地面,有2～3叉毛;叶柄长7～20 mm;茎生叶披针形或线形,顶端急尖,基部楔形,边缘具深波状疏齿或近全缘,两面具3叉毛。**花:** 总状花序顶生,果期长达17 cm;萼片长圆形或线形,长2～3 cm,外面有3叉毛;花瓣浅黄色,长圆形,长4～5 cm,顶端圆形或截形,下部具爪。**果:** 长角果圆柱形,侧扁,稍有棱,具3叉毛;果瓣有1条不明显中脉;果梗粗。**种子:** 种子每室1行,种子卵形,长约1 mm,淡褐色。花期5月,果期6月。

【药材名】桂竹糖芥(药用部位:全草)。

【性味、归经及功用】辛、苦,寒。归心、脾、胃经。强心利尿,健脾胃,消食。用于心力衰竭、心悸、浮肿、消化不良。

【用法用量】煎服,6～9 g。

【采收加工】秋季可采收,洗净,鲜用或晒干。

【植物速认】一年生草本;基生叶莲座状,茎生叶披针形;花黄色;长角果圆柱形。

1. 小花糖芥 2. 花 3. 桂竹糖芥(药材)

十字花科 Brassicaceae —— 独行菜属 *Lepidium*

独行菜

Lepidium apetalum Willdenow

【植物形态】一年或二年生草本，高5～30 cm。**茎：**茎直立，有分枝，无毛或具微小头状毛。**叶：**基生叶窄匙形，一回羽状浅裂或深裂；叶柄长1～2 cm；茎上部叶线形，有疏齿或全缘。**花：**总状花序在果期可延长至5 cm；萼片早落，卵形，长约0.8 cm，外面有柔毛；花瓣不存或退化成丝状，比萼片短；雄蕊2或4。**果：**短角果近圆形或宽椭圆形，扁平，顶端微缺，上部有短翅，隔膜宽不到1 mm；果梗弧形，长约3 mm。**种子：**种子椭圆形，长约1 mm，平滑，棕红色。花果期5—7月。

【药材名】葶苈子（北葶苈）（药用部位：种子）。

【性味、归经及功用】辛、苦，大寒。归肺、膀胱经。泻肺平喘，行水消肿。用于痰涎壅肺、喘咳痰多、胸胁胀满、不得平卧、胸腹水肿、小便不利。

【用法用量】煎服，3～10 g，包煎。

【采收加工】夏季果实成熟时采割植株，晒干，搓出种子，除去杂质。

【植物速认】一年或二年生草本；基生叶一回羽状浅裂或深裂，茎上部叶线形；花白色；短角果近圆形或宽椭圆形，扁平，顶端微缺。

1、2. 独行菜　3. 果

十字花科 Brassicaceae —— 诸葛菜属 *Orychophragmus*

诸葛菜

Orychophragmus violaceus (Linnaeus) O. E. Schulz

【植物形态】一年或二年生草本，高10～50 cm，无毛。**茎：**茎单一，直立，基部或上部稍有分枝，浅绿色或带紫色。**叶：**基生叶及下部茎生叶大头羽状全裂，顶裂片近圆形或短卵形，顶端钝，基部心形，全缘或有牙齿；叶柄疏生细柔毛；上部叶长圆形或窄卵形，顶端急尖，基部耳状，抱茎，边缘有不整齐牙齿。**花：**花紫色、浅红色或褪成白色，直径2～4 cm；花梗长5～10 mm；花萼筒状，紫色，萼片长约3 mm；花瓣宽倒卵形，密生细脉纹，爪长3～6 mm。**果：**长角果线形，长7～10 cm。具4棱，裂瓣有1凸出中脊。**种子：**种子卵形至长圆形，长约2 mm，稍扁平，黑棕色，有纵条纹。花期4—5月，果期5—6月。

【药材名】诸葛菜（药用部位：全草）。

【性味、归经及功用】辛、甘，平。归肝、脾、肺经。开胃下气，利湿解毒。用于宿食不化、消渴。

【用法用量】煎服，3～9 g。

【采收加工】秋季可采收，鲜用或晒干。

【植物速认】一年或二年生草本；茎略带紫色；基生叶大头羽状全裂，上部叶抱茎，有缺齿，叶柄疏生细柔毛；花紫色、浅红或白。

1. 诸葛菜　2. 茎　3. 花

十字花科 Brassicaceae —— 蔊菜属 *Rorippa*

沼生蔊菜

Rorippa palustris (Linnaeus) Besser

【植物形态】一或二年生草本，高(10～)20～50 cm，光滑无毛或稀有单毛。**茎：**茎直立，单一成分枝，下部常带紫色，具棱。**叶：**基生叶多数，具柄；叶片羽状深裂或大头羽裂，长圆形至狭长圆形，裂片3～7对，边缘不规则浅裂或呈深波状，顶端裂片较大，基部耳状抱茎，有时有缘毛；茎生叶向上渐小，近无柄，叶片羽状深裂或具齿，基部耳状抱茎。**花：**总状花序顶生或腋生，果期伸长，花小，多数，淡黄色，具纤细花梗；萼片长椭圆形；花瓣长倒卵形至楔形，等于或稍短于萼片；雄蕊6，近等长，花丝线状。**果：**短角果椭圆形或近圆柱形，有时稍弯曲，果瓣肿胀。**种子：**种子每室2行，多数，褐色，细小，近卵形而扁，一端微凹，表面具细网纹；子叶缘倚胚根。花期4—7月，果期6—8月。

【药材名】沼生蔊菜（药用部位：全草）。

【性味、归经及功用】辛、苦，凉。归肝、膀胱经。清热解毒，利水消肿。用于风热感冒、咽喉肿痛、黄疸、淋病、水肿、关节炎、痈肿、烫伤。

【用法用量】煎服，6～15 g。外用适量，捣敷。

【采收加工】7—8月采收全草，洗净，切段，晒干。

【植物速认】一或二年生草本；叶片羽状深裂或大头羽裂；花黄色或淡黄色；短角果椭圆形或近圆柱形。

1. 沼生蔊菜
2. 叶
3. 沼生蔊菜（药材）

悬铃木科 Platanaceae —— 悬铃木属 *Platanus*

二球悬铃木

Platanus acerifolia (Aiton) Willdenow

【植物形态】落叶大乔木，高达30 m，树皮薄片状脱落。**茎：** 嫩枝被黄褐色绒毛，老枝秃净，干后红褐色，有细小皮孔。**叶：** 叶大，轮廓阔卵形，基部浅三角状心形，或近于平截，上部掌状5～7裂，稀为3裂，中央裂片深裂过半，两侧裂片稍短，边缘有少数裂片状粗齿，上下两面初时被灰黄色毛被，以后脱落，仅在背脉上有毛，掌状脉5条或3条，从基部发出；叶柄圆柱形，被绒毛，基部膨大；托叶小，短于1 cm，基部鞘状。**花：** 花4数；雄性球状花序无柄，基部有长绒毛；萼片短小，雄蕊远比花瓣为长；花丝极短；花药伸长，顶端盾片稍扩大；雌性球状花序常有柄；萼片被毛；花瓣倒披针形；心皮4个；花柱伸长，先端卷曲。**果：** 球形果序常2个串生，下垂。

【药材名】梧桐子(药用部位：种子)。

【性味、归经及功用】甘，平；无毒。归心、肺、肾经。顺气和胃，健脾消食，止血。用于胃脘疼痛、伤食腹泻、疝气、须发早白、小儿口疮、鼻衄。

【用法用量】煎服，3～9 g，或研末，2～3 g。外用适量，煅存性研末敷。

【采收加工】秋末至冬初采收，除去杂质，晒干。

【植物速认】落叶大乔木；叶阔卵形，掌状5～7裂；圆球形果实，有黄色绒毛。

1. 二球悬铃木
2. 叶
3. 梧桐子(药材)

景天科 Crassulaceae —— 费菜属 *Phedimus*

费菜

Phedimus aizoon (Linnaeus)'t Hart

【植物形态】多年生草本。**茎:** 根状茎短，粗茎高20～50 cm，有1～3条茎，直立，无毛，不分枝。**叶:** 叶互生，狭披针形、椭圆状披针形至卵状倒披针形，先端渐尖，基部楔形，边缘有不整齐的锯齿；叶坚实，近革质。**花:** 聚伞花序有多花，水平分枝，平展，下托以苞叶；萼片5，线形，肉质，不等长，先端钝；花瓣5，黄色，长圆形至椭圆状披针形，有短尖；雄蕊10，较花瓣短；花柱长钻形。**果:** 蓇葖星芒状排列，长7 mm。**种子:** 椭圆形，长约1 mm。花期6—7月，果期8—9月。

【药材名】景天三七(药用部位：全草)。

【性味、归经及功用】甘、微酸，平。归心、肝经。散瘀止血，宁心安神，解毒。用于吐血、衄血、便血、尿血、崩漏、紫斑、外伤出血、跌打损伤、心悸、失眠、疮疖痈肿、烫火伤、毒虫螫伤。

【用法用量】煎服，15～30 g，或鲜品绞汁，30～60 g。外用适量，鲜品捣敷，或研末撒敷。

【采收加工】全草随用随采，晒干。

【植物速认】多年生肉质草本；叶互生，革质；花多数，聚伞花序，黄色。

1 | 2/3

1. 费菜 2. 花 3. 景天三七(药材)

蔷薇科 Rosaceae —— 桃属 *Amygdalus*

桃

Amygdalus persica L.

【植物形态】乔木，高3～8 m。**茎：** 树皮暗红褐色，老时粗糙呈鳞片状。**芽：** 冬芽圆锥形。**叶：** 叶片长圆披针形、椭圆披针形或倒卵状披针形，先端渐尖，基部宽楔形，叶边具细锯齿或粗锯齿；叶柄粗壮，长1～2 cm，常具1至数枚腺体，有时无腺体。**花：** 花单生，先于叶开放，直径2.5～3.5 cm；花梗极短或几无梗；花瓣长圆状椭圆形至宽倒卵形，粉红色，罕为白色；花柱几与雄蕊等长或稍短；子房被短柔毛。**果：** 果实卵形、宽椭圆形或扁圆形，色泽变化由淡绿白色至橙黄色，常在向阳面具红晕，外面密被短柔毛。花期3—4月，果实成熟期因品种而异，通常为8—9月。

【药材名】桃仁（药用部位：种子）；桃枝（药用部位：茎）；桃花（药用部位：花）。

【性味、归经及功用】桃仁：苦、甘，平。归心、肝、大肠经。活血祛瘀，润肠通便，止咳平喘。用于经闭痛经、癥瘕痞块、肺痈肠痈、跌扑损伤、肠燥便秘、咳嗽气喘。桃枝：苦，平。归心、肝经。活血通络，解毒杀虫。用于心腹刺痛、风湿痹痛、跌打损伤、疮癣。桃花：苦，平。归心、肝、大肠经。利水通便，活血化瘀。用于小便不利、水肿、痰饮、脚气、砂石淋、便秘、癥瘕、闭经、癫狂、疮疹、面鼾。

【用法用量】桃仁：煎服，9～15 g。外用适量，煎汤洗浴。桃枝：煎服，6～9 g。桃花：煎服，3～6 g；研末，1.5 g。外用捣敷，或研末调敷。

【采收加工】桃仁：果实成熟后采收，除去果肉和核壳，取出种子，晒干。桃枝：夏季采收，切段，晒干。桃花：3—4月间桃花将开放时采摘，阴干，放干燥处。

【植物速认】乔木；树皮暗红褐色；叶片长圆披针形、椭圆披针形或倒卵状披针形；花粉红色；果实形状和大小均有变异，卵形、宽椭圆形或扁圆形，密被短柔毛，核大，离核或黏核。

1、2. 桃
3. 桃仁（药材）
4. 桃花（药材）
5. 桃枝（药材）

蔷薇科 Rosaceae —— 桃属 *Amygdalus*

榆叶梅

Amygdalus triloba (Lindl.) Ricker

【植物形态】灌木稀小乔木，高2～3 m。**茎：**枝条开展，具多数短小枝；小枝灰色，一年生枝灰褐色，无毛或幼时微被短柔毛。**芽：**冬芽短小，长2～3 mm。**叶：**片宽椭圆形至倒卵形，先端短渐尖，常3裂，基部宽楔形，上面具疏柔毛或无毛，下面被短柔毛，叶边具粗锯齿或重锯齿；叶柄长5～10 mm，被短柔毛。**花：**花1～2朵，先于叶开放，直径2～3 cm；花梗长4～8 mm；萼片卵形或卵状披针形，无毛，近先端疏生小锯齿；花瓣近圆形或宽倒卵形，长6～10 mm，先端圆钝，有时微凹，粉红色；花柱稍长于雄蕊。**果：**果实近球形，直径1～1.8 cm，顶端具短小尖头，红色，外被短柔毛；果肉薄，成熟时开裂；核近球形，具厚硬壳，直径1～1.6 cm，两侧几不压扁，顶端圆钝，表面具不整齐的网纹。花期4—5月，果期5—7月。

【药材名】榆叶梅（药用部位：种子）。

【性味、归经及功用】辛、苦、甘，平。归脾、大肠、小肠经。润燥滑肠，下气，利水。用于津枯肠燥、食积气滞、腹胀便秘、水肿、脚气、小便不利。

【用法用量】煎服，3～9 g。

【采收加工】夏、秋季采收成熟果实，除去果肉及核壳，取出种子，干燥。

【植物速认】灌木，稀小乔木；叶片椭圆形至倒卵形；花粉红色；果实近球形，红色，外被短柔毛。

1. 榆叶梅
2. 果
3. 榆叶梅（药材）

蔷薇科 Rosaceae —— 杏属 *Armeniaca*

杏

Armeniaca vulgaris Lam.

【植物形态】乔木,高5～8(～12)m。**茎:** 树皮灰褐色,纵裂;多年生枝浅褐色,皮孔大而横生,一年生枝浅红褐色,有光泽,无毛,具多数小皮孔。**叶:** 叶片宽卵形或圆卵形,先端急尖至短渐尖,基部圆形至近心形,叶边有圆钝锯齿,两面无毛或下面脉腋间具柔毛;叶柄无毛,基部常具1～6腺体。**花:** 花单生,直径2～3 cm,先于叶开放;花梗短,长1～3 mm,被短柔毛;花瓣圆形至倒卵形,白色或带红色,具短爪;雄蕊20～45,稍短于花瓣;子房被短柔毛;花柱稍长或几与雄蕊等长,下部具柔毛。**果:** 果实球形,稀倒卵形,直径约2.5 cm以上,白色、黄色至黄红色,常具红晕,微被短柔毛。**种子:** 种仁味苦或甜。花期3—4月,果期6—7月。

【药材名】苦杏仁(药用部位:种子)。

【性味、归经及功用】苦,微温;有小毒。归肺、大肠经。降气止咳平喘,润肠通便。用于咳嗽气喘、胸满痰多、肠燥便秘。

【用法用量】煎服,5～10 g,生品入煎剂后下。

【采收加工】夏季采收成熟果实,除去果肉和核壳,取出种子,晒干。

【植物速认】乔木;叶片宽卵形或圆卵形;花白色或带红色;果实球形,白色、黄色至黄红色,常具红晕,种仁味苦或甜。

1、2. 杏　3. 叶、果

蔷薇科 Rosaceae —— 栒子属 *Cotoneaster*

平枝栒子

Cotoneaster horizontalis Dcne.

【植物形态】落叶或半常绿匍匐灌木，高不超过0.5 m。**茎**：小枝圆柱形，幼时外被糙伏毛，老时脱落，黑褐色。**叶**：叶片近圆形或宽椭圆形，稀倒卵形，先端多数急尖，基部楔形，全缘，上面无毛，下面有稀疏平贴柔毛；叶柄长1～3 mm，被柔毛；托叶钻形，早落。**花**：花1～2朵，近无梗，直径5～7 mm；花瓣直立，倒卵形，先端圆钝，粉红色；雄蕊约12，短于花瓣；花柱常为3，有时为2，离生，短于雄蕊；子房顶端有柔毛。**果**：果实近球形，直径4～6 mm，鲜红色，常具3小核，稀2小核。花期5—6月，果期9—10月。

【药材名】水莲沙（药用部位：根、枝叶）。

【性味、归经及功用】酸、涩，凉。归肺、肝经。清热化湿，止血止痛。用于泄泻、腹痛、吐血、痛经、带下病。

【用法用量】煎服，10～15 g。

【采收加工】全年均可采，洗净，切片，晒干。

【植物速认】落叶或半常绿匍匐灌木；叶片近圆形或宽椭圆形；花粉红色；果实近球形，鲜红色。

1. 平枝栒子　2. 叶　3. 果　4. 水莲沙（药材）

蔷薇科 Rosaceae —— 山楂属 *Crataegus*

山里红

Crataegus pinnatifida var. *major* N. E. Br.

【植物形态】落叶乔木。**茎：**小枝圆柱形，当年生枝紫褐色，无毛或近于无毛，疏生皮孔，老枝灰褐色。**芽：**冬芽三角卵形，先端圆钝，无毛，紫色。**叶：**叶片宽卵形或三角状卵形，稀菱状卵形，有3～5对羽状浅裂片，裂片卵状披针形或带形。**花：**伞房花序具多花；总花梗和花梗均被柔毛，花后脱落，减少；苞片膜质，线状披针形，先端渐尖，边缘具腺齿，早落；花瓣倒卵形或近圆形，白色。**果：**果实近球形或梨形，深亮红色，有浅色斑点。花期5—6月，果期9—10月。

【药材名】山里红（药用部位：果实）。

【性味、归经及功用】酸、甘，微温。归脾、胃、肝经。消导食积，化瘀散滞，补脾胃，活血行气。用于消化不良、胃酸缺乏症、腹泻、痢疾、慢性结肠炎、瘀血痛、月经痛、心绞痛、胃出血、高血压。

【用法用量】煎服，10～15 g。

【采收加工】秋季果实成熟时采收，切片，干燥。

【植物速认】乔木；叶片宽卵形或三角状卵形，浅裂；花白色；果实近球形或梨形，直径达2.5 cm，深红色，具斑点。

1	2
3	4

1. 山里红
2、3. 果
4. 山里红（药材）

蔷薇科 Rosaceae —— 蛇莓属 *Duchesnea*

蛇莓

Duchesnea indica (Andr.) Focke

【植物形态】多年生草本。**茎:** 根茎短,粗壮;匍匐茎多数,长30～100 cm,有柔毛。**叶:** 小叶片倒卵形至菱状长圆形,先端圆钝,边缘有钝锯齿,两面皆有柔毛,或上面无毛,具小叶柄;叶柄长1～5 cm,有柔毛;托叶窄卵形至宽披针形,长5～8 mm。**花:** 花单生于叶腋;花梗长3～6 cm,有柔毛;花瓣倒卵形,长5～10 mm,黄色,先端圆钝;雄蕊20～30;心皮多数,离生;花托在果期膨大,海绵质,鲜红色,有光泽,直径10～20 mm,外面有长柔毛。**果:** 瘦果卵形,长约1.5 mm,光滑或具不显明突起,鲜时有光泽。花期6—8月,果期8—10月。

【药材名】蛇莓(药用部位:全草)。

【性味、归经及功用】甘、苦,寒;小毒。归肝、肺、大肠经。清热解毒,凉血止血,散结消肿。用于热病、惊痫、咳嗽、吐血、咽喉肿痛、痢疾、痈肿、疔疮。

【用法用量】煎服,10～15 g。外用适量,敷患处。

【采收加工】花期前后采收,洗净,鲜用或晒干。

【植物速认】多年生草本;匍匐茎;三出复叶;花黄色,副萼片常3裂;瘦果卵形。

1	2
3	4

1. 蛇莓
2. 果
3. 花
4. 蛇莓(药材)

蔷薇科 Rosaceae —— 委陵菜属 *Potentilla*

委陵菜

Potentilla chinensis Ser.

【植物形态】多年生草本。**根：**根粗壮，圆柱形，稍木质化。**茎：**花茎直立或上升，高20～70 cm，被稀疏短柔毛及白色绢状长柔毛。**叶：**基生叶为羽状复叶，有小叶5～15对，叶柄被短柔毛及绢状长柔毛；小叶片对生或互生，长圆形、倒卵形或长圆披针形，茎生叶与基生叶相似，唯叶片对数较少；基生叶托叶近膜质，褐色，附白色绢状长柔毛。**花：**伞房状聚伞花序，花梗长0.5～1.5 cm，基部有披针形苞片，外面密被短柔毛；花直径通常0.8～1 cm，稀达1.3 cm；花瓣黄色，宽倒卵形，顶端微凹，比萼片稍长；花柱近顶生，基部微扩大，稍有乳头或不明显，柱头扩大。**果：**瘦果卵球形，深褐色，有明显皱纹。花果期4—10月。

【药材名】委陵菜（药用部位：全草）。

【性味、归经及功用】苦，寒。归肝、大肠经。清热解毒，凉血止痢。用于赤痢腹痛、久痢不止、痔疮出血、痈肿疮毒。

【用法用量】煎服，9～15 g。外用适量。

【采收加工】春季未抽茎时采挖，除去泥沙，晒干。

【植物速认】多年生草本；羽状复叶，小叶片对生或互生，裂片三角卵形，常反卷，叶背被白色绒毛；花瓣黄色。

1. 委陵菜
2. 花
3. 委陵菜（药材）

蔷薇科 Rosaceae —— 委陵菜属 *Potentilla*

绢毛匍匐委陵菜

Potentilla reptans var. *sericophylla* Franch.

【植物形态】多年生匍匐草本。**根**：根多分枝，常具纺锤状块根。**叶**：基生叶为鸟足状5出复叶；叶柄被疏柔毛或脱落几无毛，小叶有短柄或几无柄；小叶片倒卵形至倒卵圆形，顶端圆钝，基部楔形，边缘有急尖或圆钝锯齿，两面绿色，上面几无毛，下面被疏柔毛；纤匍枝上叶与基生叶相似。**花**：单花自叶腋生或与叶对生，被疏柔毛；花直径1.5～2.2 cm；萼片卵状披针形，副萼片长椭圆形或椭圆披针形，顶端急尖或圆钝，与萼片近等长，外面被疏柔毛，果时显著增大；花瓣黄色，宽倒卵形，顶端显著下凹，比萼片稍长。**果**：瘦果黄褐色，卵球形，外面被显著点纹。花果期6—8月。

【药材名】匍匐委陵菜（药用部位：全草）；金金棒（药用部位：块根）。

【性味、归经及功用】匍匐委陵菜：淡，平。归肺经。止血排脓。用于肺瘀血、崩漏。金金棒：甘，平。归肺、脾、胃经。滋阴除热，生津止渴。用于虚劳发热、虚喘、热病伤津、口渴咽干、妇女带浊。

【用法用量】匍匐委陵菜：煎服，9～15 g。金金棒：煎服，5～10 g。

【采收加工】匍匐委陵菜：秋季收取，除去杂质，晒干。金金棒：秋季挖取，晒干。

【植物速认】多年生匍匐草本；三出掌状复叶，边缘两个小叶浅裂至深裂；花黄色。

1. 绢毛匍匐委陵菜
2. 叶
3. 花
4. 金金棒（药材）
5. 匍匐委陵菜（药材）

蔷薇科 Rosaceae —— 委陵菜属 *Potentilla*

西山委陵菜

Potentilla sischanensis Bge. ex Lehm.

【植物形态】多年生草本。**根：**根粗壮，圆柱形，木质化。**茎：**花茎丛生，直立或上升，高10～30 cm，被白色绒毛及稀疏长柔毛，老时脱落。**叶：**基生叶为羽状复叶；叶柄被白色绒毛及稀疏长柔毛；小叶对生稀下部小叶互生，卵形，长椭圆形或披针形，边缘羽状深裂几达中脉，基部小叶小，掌状或近掌状，分裂，茎生叶无或极不发达，呈苞叶状，掌状或羽状3～5全裂。**花：**聚伞花序疏生，有对生小形苞片，外被稀疏柔毛；花直径0.8～1 cm；萼片卵状披针形或三角状卵形，顶端渐尖，副萼片狭窄，披针形，外面被白色绒毛和稀疏长柔毛；花瓣黄色，倒卵形，顶端圆钝或微凹，比萼片长0.5～1倍。**果：**瘦果卵圆形，成熟后有皱纹。花果期4—8月。

【植物速认】多年生草本；被白色绒毛；奇数羽状复叶，亚革质，小叶对生，叶背白色；花黄色。

1. 西山委陵菜　2、3. 叶　4. 花

1	2
3	4

蔷薇科 Rosaceae —— 委陵菜属 *Potentilla*

朝天委陵菜

Potentilla supina L.

【植物形态】一年生或二年生草本。**根：**主根细长，并有稀疏侧根。**茎：**茎平展，上升或直立，叉状分枝，长20～50 cm，被疏柔毛或脱落几无毛。**叶：**基生叶羽状复叶；叶柄被疏柔毛或脱落几无毛；小叶互生或对生，小叶片长圆形或倒卵状长圆形；基生叶托叶膜质，褐色，外面被疏柔毛或几无毛，茎生叶托叶草质，绿色，全缘，有齿或分裂。**花：**顶端呈伞房状聚伞花序；花直径0.6～0.8 cm；萼片三角卵形，顶端急尖，副萼片长椭圆形或椭圆披针形；花瓣黄色，倒卵形，顶端微凹，与萼片近等长或较短；花柱近顶生，基部乳头状膨大，花柱扩大。**果：**瘦果长圆形，先端尖，表面具脉纹，腹部鼓胀若翅或有时不明显。花果期3—10月。

【药材名】朝天委陵菜（药用部位：全草）。

【性味、归经及功用】苦，寒。归肝、大肠经。清热解毒，凉血，止痢。用于感冒发热、肠炎、热毒泻痢、痢疾、血热、各种出血；鲜品外用于疮毒痈肿及蛇虫咬伤。

【用法用量】煎服，10～20 g。外用适量，鲜品捣敷。

【采收加工】6—9月枝叶繁茂时割取全草。

【植物速认】一年生或二年生草本；奇数羽状复叶，互生或对生，两面绿色；伞房状聚伞花序，花黄色。

1	2
3	4

1. 朝天委陵菜
2. 花
3. 茎
4. 朝天委陵菜（药材）

蔷薇科 Rosaceae —— 梨属 *Pyrus*

杜梨

Pyrus betulifolia Bge.

【植物形态】乔木，高达10 m，树冠开展，枝常具刺。**芽：**冬芽卵形，先端渐尖，外被灰白色绒毛。**叶：**叶片菱状卵形至长圆卵形，先端渐尖，基部宽楔形，稀近圆形，边缘有粗锐锯齿，幼叶上下两面均密被灰白色绒毛，成长后脱落，老叶上面无毛而有光泽，下面微被绒毛或近于无毛；叶柄被灰白色绒毛。**花：**伞形总状花序，有花10～15朵，总花梗和花梗均被灰白色绒毛；苞片膜质，线形，两面均微被绒毛，早落；萼筒外密被灰白色绒毛；萼片三角卵形，先端急尖，全缘，内外两面均密被绒毛；花瓣宽卵形，先端圆钝，基部具有短爪，白色。**果：**果实近球形，2～3室，褐色，有淡色斑点，萼片脱落，基部具带绒毛果梗。花期4月，果期8—9月。

【药材名】棠梨（药用部位：果实）。

【性味、归经及功用】酸、甘、涩，寒；无毒。归肺、肝经。敛肺，涩肠，消食。用于咳嗽、泻痢、食积。

【用法用量】煎服，15～30 g。

【采收加工】8—9月果实成熟时采摘，晒干或鲜用。

【植物速认】乔木；枝具刺；叶菱状卵形；白色伞形花序；褐色果实，有淡色斑点。

1. 杜梨
2. 果
3. 叶
4. 棠梨（药材）

蔷薇科 Rosaceae —— 梨属 *Pyrus*

白梨

Pyrus bretschneideri Rehd.

【植物形态】乔木，高达5～8 m，树冠开展，小枝粗壮，圆柱形。**芽：**冬芽卵形，先端圆钝或急尖，鳞片边缘及先端有柔毛，暗紫色。**叶：**叶片卵形或椭圆卵形，先端渐尖稀急尖，基部宽楔形，稀近圆形，边缘有尖锐锯齿，齿尖有刺芒，微向内合拢，嫩时紫红绿色，两面均有绒毛，不久脱落，老叶无毛。**花：**伞形总状花序，有花7～10朵，总花梗和花梗嫩时有绒毛，不久脱落；萼片三角形，先端渐尖，边缘有腺齿，外面无毛，内面密被褐色绒毛；花瓣卵形，先端常呈啮齿状，基部具有短爪。**果：**果实卵形或近球形，先端萼片脱落，基部具肥厚果梗，黄色，有细密斑点，4～5室。**种子：**种子倒卵形，微扁，褐色。花期4月，果期8—9月。

【药材名】梨（药用部位：果实）；梨枝（药用部位：茎）。

【性味、归经及功用】梨：甘、微酸，凉。归肺、胃经。生津，润燥，清热，化痰。用于热病津伤烦渴、消渴、热咳、痰热惊狂、噎膈、便秘。梨枝：辛、涩，凉。归大肠、肺经。行气和中，止痛。用于霍乱吐泻、腹痛。

【用法用量】梨：生食、（去皮、核）捣汁或熬膏。外用捣敷，或捣汁点眼。梨枝：煎服，9～15 g。

【采收加工】梨：8—9月间果实成熟时采收，鲜用或切片晒干。梨枝：全年均可采，剪取枝条，切成小段，晒干。

【植物速认】乔木；叶片卵形，边缘有尖锐锯齿，齿尖具刺芒；果实黄色，具细密斑点。

1. 白梨
2. 叶、果
3. 梨枝（药材）

蔷薇科 Rosaceae —— 蔷薇属 *Rosa*

山刺玫

Rosa davurica Pall.

【植物形态】直立灌木,高约1.5 m。**茎:** 小枝圆柱形,无毛,紫褐色或灰褐色,有带黄色皮刺,皮刺基部膨大,稍弯曲,常成对而生于小枝或叶柄基部。**叶:** 叶片长圆形或阔披针形,先端急尖或圆钝,基部圆形或宽楔形,边缘有单锯齿和重锯齿,上面深绿色,下面灰绿色。**花:** 花单生于叶腋;瓣粉红色。**果:** 果近球形或卵球形,红色,光滑,萼片宿存,直立。花期6—7月,果期8—9月。

【药材名】刺玫果(药用部位:果实);刺玫花(药用部位:花);刺玫根(药用部位:根)。

【性味、归经及功用】刺玫果:酸、苦,温。归肝、脾、胃、膀胱经。健脾消食,活血调经,敛肺止咳。用于消化不良、食欲不振、脘腹胀痛、腹泻、月经不调、痛经、动脉粥样硬化、肺结咳嗽。刺玫花:酸、甘,平。归肝、脾经。理气和胃,止咳。用于月经不调、痛经、崩漏、吐血、肋间神经痛、肺痨咳嗽。刺玫根:苦、涩,平。归肝、脾、胃、膀胱经。止咳祛痰,止痢,止血。用于慢性支气管炎、肠炎、细菌性痢疾、功能性子宫出血、跌打损伤。

【用法用量】刺玫果:煎服,6～10 g。刺玫花:煎服,3～6 g。刺玫根:煎服,15～25 g。

【采收加工】刺玫果:9月上旬采果,经堆放待果肉软化后搓洗,净除果肉,取出种子。刺玫花:6—7月花将开放时采摘,晾干或晒干。刺玫根:春秋采根,除去杂质,晒干。

【植物速认】灌木;具黄色皮刺;叶片长圆形或阔披针形;花瓣粉红色,果近球形或卵球形,红色,萼片宿存,直立。

1. 山刺玫　2. 果　3. 叶　4. 刺玫果(药材)

蔷薇科 Rosaceae —— 蔷薇属 *Rosa*

野蔷薇

Rosa multiflora Thunb.

【植物形态】攀缘灌木。**茎:** 小枝圆柱形,通常无毛,有短、粗稍弯曲皮束。**叶:** 小叶片倒卵形、长圆形或卵形,先端急尖或圆钝,基部近圆形或楔形,边缘有尖锐单锯齿,稀混有重锯齿,上面无毛,下面有柔毛;小叶柄和叶轴有柔毛或无毛,有散生腺毛;托叶篦齿状,大部贴生于叶柄,边缘有或无腺毛。**花:** 花多朵,排成圆锥状花序,无毛或有腺毛,有时基部有篦齿状小苞片;萼片披针形,外面无毛,内面有柔毛;花瓣白色,宽倒卵形,先端微凹,基部楔形;花柱结合成束,无毛,比雄蕊稍长。**果:** 果近球形,红褐色或紫褐色,有光泽,无毛,萼片脱落。

【药材名】野蔷薇花(药用部位:花);野蔷薇(药用部位:根)。

【性味、归经及功用】野蔷薇花:苦、涩,寒。归胃、大肠经。清暑,和胃,活血止血,解毒。用于暑热烦渴、胃脘胀闷、吐血、衄血、口疮、痈疖、月经不调。野蔷薇:苦、涩,凉;无毒。归脾、胃、肾经。清热解毒,祛风除湿,活血调经,固精缩尿,消骨鲠。用于疮痈肿痛、烫伤、口疮、痔血、鼻衄、关节疼痛、月经不调、痛经、久痢不愈、遗尿、尿频、白带过多、子宫脱垂、骨鲠。

【用法用量】野蔷薇花:煎服,3～6 g。野蔷薇:煎服,10～15 g,研末,1.5～3 g,或鲜品捣,绞汁。外用适量,研粉敷,或煎水含漱。

【采收加工】野蔷薇花:5—6月花盛开时,择晴天采集,晒干。野蔷薇:秋季挖根,洗净,切片晒干备用。

【植物速认】攀缘灌木;叶倒卵形、长圆形或卵形;圆锥状花序,花瓣白色,宽倒卵形;果近球形,红褐色或紫褐色,萼片脱落。

1. 野蔷薇
2. 花
3. 果
4. 野蔷薇(药材)
5. 野蔷薇花(药材)

蔷薇科 Rosaceae —— 地榆属 *Sanguisorba*

地榆

Sanguisorba officinalis L.

【植物形态】多年生草本，高30～120 cm。**根：**根粗壮，多呈纺锤形，稀圆柱形，表面棕褐色或紫褐色，有纵皱及横裂纹，横切面黄白或紫红色，较平正。**茎：**茎直立，有棱，无毛或基部有稀疏腺毛。**叶：**基生叶有4～6对羽状复叶，叶柄无毛或基部有稀疏腺毛；小叶片有短柄，卵形或长圆状卵形，顶端圆钝稀急尖，基部心形至浅心形，边缘有多数粗大圆钝稀急尖的锯齿，两面绿色，无毛。**花：**穗状花序椭圆形，圆柱形或卵球形，直立，从花序顶端向下开放，花序梗光滑或偶有稀疏腺毛；苞片膜质，披针形，顶端渐尖至尾尖，比萼片短或近等长，背面及边缘有柔毛；萼片4，紫红色。**果：**瘦果包藏在宿存萼筒内，有4棱。花果期7—10月。

【药材名】地榆（药用部位：根）。

【性味、归经及功用】苦、酸、涩，微寒。归肝、大肠经。凉血止血，解毒敛疮。用于便血、痔血、血痢、崩漏、水火烫伤、痈肿疮毒。

【用法用量】煎服，9～15 g。外用适量，研末涂敷患处。

【采收加工】春季将发芽时或秋季植株枯萎后采挖，除去须根，洗净，干燥，或趁鲜切片，干燥。

【植物速认】多年生草本；基生叶羽状复叶，有托叶；花紫红色，圆柱形，直立。

1. 地榆　2. 叶　3、4. 花　5. 地榆（药材）

蔷薇科 Rosaceae —— 绣线菊属 *Spiraea*

粉花绣线菊

Spiraea japonica L. f.

【植物形态】直立灌木,高达1.5 m。**茎:** 枝条细长,开展,小枝近圆柱形,无毛或幼时被短柔毛。**芽:** 冬芽卵形,先端急尖,有数个鳞片。**叶:** 叶片卵形至卵状椭圆形,先端急尖至短渐尖,基部楔形,边缘有缺刻状重锯齿或单锯齿,上面暗绿色,无毛或沿叶脉微具短柔毛,下面色浅或有白霜,通常沿叶脉有短柔毛;叶柄长1～3 mm,具短柔毛。**花:** 复伞房花序,花朵密集,密被短柔毛;花梗长4～6 mm;苞片披针形至线状披针形,下面微被柔毛;花直径4～7 mm;花瓣卵形至圆形,先端通常圆钝,长2.5～3.5 mm,宽2～3 mm,粉红色。**果:** 蓇葖果半开张,无毛或沿腹缝有稀疏柔毛,花柱顶生,稍倾斜开展,萼片常直立。花期6—7月,果期8—9月。

【药材名】绣线菊根(药用部位:根)。

【性味、归经及功用】苦、辛,凉;无毒。归肺、肝经。祛风清热,明目退翳。用于咳嗽、头痛、牙痛、目赤翳障。

【用法用量】煎服,9～15 g。

【采收加工】7—8月挖根,除去泥土,洗净晒干。

【植物速认】直立灌木;叶片卵形至卵状椭圆形;复伞房花序,花瓣卵形至圆形,粉红色,蓇葖果半开张。

1	2
3	4

1. 粉花绣线菊
2、3. 花
4. 绣线菊根(药材)

蔷薇科 Rosaceae —— 绣线菊属 *Spiraea*

三裂绣线菊

Spiraea trilobata L.

【植物形态】灌木，高1～2 m。**茎：**小枝细瘦，开展，稍呈之字形弯曲，嫩时褐黄色，无毛，老时暗灰褐色。**芽：**冬芽小，宽卵形，先端钝，无毛，外被数个鳞片。**叶：**叶片近圆形，先端钝，常三裂，基部圆形、楔形或亚心形，边缘自中部以上有少数圆钝锯齿，两面无毛，下面色较浅，基部具显著3～5脉。**花：**伞形花序具总梗，花梗长8～13 mm，无毛；苞片线形或倒披针形，上部深裂成细裂片，花直径6～8 mm；萼筒钟状，外面无毛，内面有灰白色短柔毛花瓣宽倒卵形，先端常微凹，长与宽各2.5～4 mm。**果：**蓇葖果开张，仅沿腹缝微具短柔毛或无毛，花柱顶生稍倾斜，具直立萼片。花期5—6月，果期7—8月。

【药材名】三裂绣线菊（药用部位：花）。

【性味、归经及功用】苦，平。归肺、膀胱经。生津止咳，利水消肿。用于咳嗽、水肿。

【用法用量】煎服，3～6 g。

【采收加工】花期采收，除去杂质，晾干。

【植物速认】灌木；叶片近圆形，常三裂；伞形花序，花白色；蓇葖果开张。

1. 三裂绣线菊　2. 叶　3. 花　4. 果

豆科 Fabaceae —— 合欢属 *Albizia*

合欢

Albizia julibrissin Durazz.

【植物形态】落叶乔木，高可达16 m。**叶：**托叶线状披针形，较小叶小，早落。二回羽状复叶，羽片4～12对，栽培的有时达20对；小叶10～30对，线形至长圆形，长6～12 mm，宽1～4 mm，向上偏斜，先端有小尖头，有缘毛，有时在下面或仅中脉上有短柔毛。**花：**头状花序于枝顶排成圆锥花序，花粉红色；花冠长8 mm，裂片三角形，长1.5 mm；花萼、花冠外均被短柔毛；花丝长2.5 cm。**果：**荚果带状，嫩荚有柔毛，老荚无毛。花期6—7月，果期8—10月。

【药材名】合欢皮（药用部位：树皮）；合欢花（药用部位：花）。

【性味、归经及功用】合欢皮：甘，平。归心、肝、肺经。解郁安神，活血消肿。用于心神不安、忧郁失眠、肺痈、疮肿、跌扑伤痛。合欢花：甘，平。归心、肝经。解郁安神。用于心神不安、忧郁失眠。

【用法用量】合欢皮：煎服，6～12 g。外用适量，研末调敷。合欢花：煎服，5～10 g。

【采收加工】合欢皮：夏、秋二季剥取，晒干。合欢花：夏季花开放时择晴天采收或花蕾形成时采收，及时晒干。

【植物速认】落叶乔木；二回羽状复叶，小叶镰状长圆形，中脉紧靠上边缘；花粉红色；荚果带状。

1. 合欢　2. 叶　3. 花　4. 合欢皮（药材）　5. 合欢花（药材）

1	2	3
	4	5

豆科 Fabaceae —— 紫穗槐属 *Amorpha*

紫穗槐

Amorpha fruticosa L.

【植物形态】落叶灌木，丛生，高1～4 m。**茎：**茎有棱，多分枝，近无毛，偶数羽状复叶顶端卷须有分枝。**叶：**叶互生，奇数羽状复叶，有小叶11～25片，基部有线形托叶；小叶卵形或椭圆形，先端圆形，锐尖或微凹，有一短而弯曲的尖刺，基部宽楔形或圆形，上面无毛或被疏毛，下面有白色短柔毛，具黑色腺点。**花：**穗状花序常1至数个顶生和枝端腋生，密被短柔毛；花有短梗；花萼被疏毛或几无毛，萼齿三角形，较萼筒短，旗瓣心形，紫色，无翼瓣和龙骨瓣。**果：**荚果下垂，微弯曲，顶端具小尖，棕褐色，表面有凸起的疣状腺点。花期5—10月，果期5—10月。

【药材名】紫穗槐(药用部位：叶、花)。

【性味、归经及功用】微苦，凉。归肺、胃、脾经。清热解毒，祛湿消肿。用于痈疮、烧伤、烫伤、湿疹。

【用法用量】外用适量，捣烂敷，或煎水洗。

【采收加工】春、夏季采收，鲜用或晒干。

【植物速认】落叶灌木；叶互生，奇数羽状复叶；顶生圆锥状总状花序，花蓝紫色；荚果下垂，微弯曲，棕褐色，表面有凸起的疣状腺点。

1 | 2 | 3

1. 紫穗槐　2. 花　3. 果

豆科 Fabaceae —— 落花生属 *Arachis*

落花生

Arachis hypogaea L.

【植物形态】一年生草本。**根:** 根部有丰富的根瘤。**茎:** 茎直立或匍匐,茎和分枝均有棱,被黄色长柔毛,后变无毛。**叶:** 叶通常具小叶2对;托叶具纵脉纹,被毛;叶柄基部抱茎,被毛;小叶纸质,卵状长圆形至倒卵形,先端钝圆形,有时微凹,具小刺尖头,基部近圆形,全缘,两面被毛,边缘具睫毛;小叶柄被黄棕色长毛;小苞片披针形,具纵脉纹。**花:** 花冠黄色或金黄色,翼瓣与龙骨瓣分离,翼瓣长圆形或斜卵形,细长,龙骨瓣长卵圆形,内弯,先端渐狭成喙状,较翼瓣短;花柱延伸于萼管咽部之外,柱头顶生,小,疏被柔毛。**果:** 荚果长2～5 cm,宽1～1.3 cm,膨胀,荚厚。**种子:** 种子横径。花果期6—8月。

【药材名】落花生枝叶(药用部位:地上部分)。

【性味、归经及功用】甘,平。归肝、心经。散瘀消肿,解毒,止汗。用于跌打损伤、各种疮毒、盗汗。

【用法用量】煎服,9～15 g。外用适量。

【采收加工】夏、秋二季采收,割取地上部分,除去杂质,干燥。

【植物速认】一年生草本;根部有丰富的根瘤;叶通常具小叶2对,具小刺尖头;花冠黄色或金黄色;荚果。

1. 落花生　2. 花　3. 落花生叶(药材)　4. 落花生枝叶(药材)

豆科 Fabaceae —— 黄芪属 *Astragalus*

草木犀状黄耆

Astragalus melilotoides Pall.

【植物形态】多年生草本。**根：**主根粗壮。**茎：**茎直立或斜生，高30～50 cm，多分枝，具条棱，被白色短柔毛或近无毛。**叶：**羽状复叶有5～7片小叶；叶柄与叶轴近等长；托叶离生，三角形或披针形；小叶长圆状楔形或线状长圆形，先端截形或微凹，基部渐狭，具极短的柄，两面均被白色细伏贴柔毛。**花：**总状花序生多数花，花小；苞片小，披针形，长约1 mm；花梗长1～2 mm，连同花序轴均被白色短伏贴柔毛；花冠白色或带粉红色，旗瓣近圆形或宽椭圆形，龙骨瓣较翼瓣短，瓣片半月形，先端带紫色，瓣柄长为瓣片的1/2。**果：**荚果宽倒卵状球形或椭圆形，先端微凹，具短喙，长2.5～3.5 mm，假2室，背部具稍深的沟，有横纹。**种子：**肾形，暗褐色，长约1 mm。花期7—8月，果期8—9月。

【药材名】草木樨状黄耆（药用部位：全草）。

【性味、归经及功用】苦，微寒。祛风湿。用于风湿性关节疼痛、四肢麻木。

【用法用量】煎服，5～15 g。

【采收加工】夏季采全草，除去杂质，晾干。

【植物速认】多年生草本；羽状复叶，叶长圆状楔形或线状长圆形；总状花序，花冠白色或带粉红色；荚果宽倒卵状球形或椭圆形。

1. 草木犀状黄耆　2. 花　3. 草木犀状黄耆（药材）

豆科 Fabaceae —— 黄芪属 *Astragalus*

糙叶黄耆

Astragalus scaberrimus Bunge

【植物形态】多年生草本，密被白色伏贴毛。**茎：**根状茎短缩，多分枝，木质化；地上茎不明显或极短，有时伸长而匍匐。**叶：**羽状复叶有7～15片小叶；叶柄与叶轴等长或稍长；小叶椭圆形或近圆形，有时披针形，先端锐尖、渐尖，有时稍钝，基部宽楔形或近圆形，两面密被伏贴毛。**花：**总状花序生3～5花，排列紧密或稍稀疏；花冠淡黄色或白色，旗瓣倒卵状椭圆形，先端微凹，中部稍缢缩，下部稍狭成不明显的瓣柄，龙骨瓣较翼瓣短，瓣片半长圆形，与瓣柄等长或稍短，子房有短毛。**果：**荚果披针状长圆形，微弯，具短喙，背缝线凹入，革质，密被白色伏贴毛，假2室。

【药材名】糙叶黄耆（药用部位：根）。

【性味、归经及功用】微苦，平。归脾、肺经。健脾利水。用于水肿、胀满。

【用法用量】煎服，9～30 g。

【采收加工】春、秋二季采挖，洗净泥土，去须根，晒干。

【植物速认】多年生草本；羽状复叶，叶椭圆形或近圆形，两面密被伏贴毛；总状花序，花冠淡黄色或白色；荚果披针状长圆形。

1. 糙叶黄耆　2. 叶　3. 果

豆科 Fabaceae —— 锦鸡儿属 *Caragana*

锦鸡儿

Caragana sinica (Buc'hoz) Rehd.

【植物形态】灌木，高1～2 m。**叶：** 托叶三角形，硬化成针刺；叶轴脱落或硬化成针刺，小叶2对，羽状，有时假掌状，上部1对常较下部的为大，厚革质或硬纸质，倒卵形或长圆状倒卵形，先端圆形或微缺，具刺尖或无刺尖，上面深绿色，下面淡绿色。**花：** 花单生，中部有关节；花萼钟状，基部偏斜；花冠黄色，常带红色，旗瓣狭倒卵形，具短瓣柄，翼瓣稍长于旗瓣，瓣柄与瓣片近等长，耳短小，龙骨瓣宽钝；子房无毛。**果：** 荚果圆筒状。花期4—5月，果期7月。

【药材名】锦鸡儿（药用部位：根皮）。

【性味、归经及功用】苦、辛，平。归肺、脾经。补肺健脾，活血祛风。用于虚劳倦怠、肺虚久咳、妇女血崩、白带、乳少、风湿骨痛、痛风、半身不遂、跌打损伤。

【用法用量】煎服，15～30 g。

【采收加工】秋季采挖，除去粗皮，剥取根皮，干燥。

【植物速认】灌木；托叶三角形，硬化成针刺；花冠黄色，常带红色；荚果圆筒状。

1. 锦鸡儿　2. 叶　3. 锦鸡儿（药材）

豆科 Fabaceae —— 紫荆属 *Cercis*

紫荆

Cercis chinensis Bunge

【植物形态】丛生或单生灌木,高2～5 m。**叶:** 叶纸质,近圆形或三角状圆形,先端急尖,基部浅至深心形,两面通常无毛,嫩叶绿色,仅叶柄略带紫色,叶缘膜质透明,新鲜时明显可见。**花:** 花紫红色或粉红色,簇生于老枝和主干上,通常先于叶开放,但嫩枝或幼株上的花则与叶同时开放,龙骨瓣基部具深紫色斑纹;子房嫩绿色,花蕾时光亮无毛,后期则密被短柔毛,有胚珠6～7颗。**果:** 荚果扁狭长形,绿色,先端急尖或短渐尖,喙细而弯曲,基部长渐尖,两侧缝线对称或近对称。**种子:** 种子2～6颗,宽长圆形,黑褐色,光亮。花期3—4月,果期8—10月。

【药材名】紫荆皮(药用部位:树皮);紫荆花(药用部位:花)。

【性味、归经及功用】紫荆皮:苦,平。归肝经。活血通淋,解毒消肿。用于月经不调、瘀滞腹痛、小便淋痛、痈肿、疥癣、跌打损伤。紫荆花:苦,平。归心、肝、膀胱经。清热凉血,通淋解毒。用于热淋、血淋、疮疡。

【用法用量】紫荆皮:煎服,6～15 g。外用适量,研末调敷。紫荆花:煎服,3～6 g。外用适量,研末敷。

【采收加工】紫荆皮:7—8月剥取树皮,晒干。紫荆花:4—5月采收,晒干。

【植物速认】丛生或单生灌木;叶纸质,近圆形或三角状圆形;花紫红色或粉红色,簇生于老枝和主干上;荚果扁狭长形,绿色。

1. 紫荆　2. 叶、果　3. 紫荆皮(药材)

豆科 Fabaceae —— 皂荚属 *Gleditsia*

野皂荚

Gleditsia microphylla Gordon ex Y. T. Lee

【植物形态】灌木或小乔木，高2～4 m。**枝：**灰白色至浅棕色，刺不粗壮，长针形，长1.5～6.5 cm，有少数短小分枝。**叶：**叶为一回或二回羽状复叶；小叶5～12对，薄革质，斜卵形至长椭圆形；叶脉在两面均不清晰；小叶柄短，被短柔毛。**花：**杂性，绿白色，近无梗，簇生，组成穗状花序或顶生的圆锥花序；苞片3，最下一片披针形，上面两片卵形，被柔毛；萼片3～4，披针形；花瓣3～4，卵状长圆形，与萼裂片外面均被短柔毛，里面被长柔毛。**果：**荚果扁薄，斜椭圆形或斜长圆形，红棕色至深褐色，无毛。**种子：**种子1～3颗，扁卵形或长圆形，褐棕色，光滑。花期6—7月，果期7—10月。

【药材名】野皂角(药用部位：果实)。

【性味、归经及功用】辛、咸，温。归肺、大肠经。祛痰止咳，开窍通闭。用于祛痰开窍。

【用法用量】煎服，5～9 g。

【采收加工】秋季果实成熟时采收，剥取种子，晒干。

【植物速认】灌木或小乔木；一回或二回羽状复叶；花杂性，绿白色；荚果扁薄，斜椭圆形或斜长圆形。

1. 野皂荚　2. 枝　3. 果

豆科 Fabaceae —— 米口袋属 *Gueldenstaedtia*

少花米口袋

Gueldenstaedtia verna (Georgi) Boriss.

【植物形态】多年生草本，高4～20 cm。**根：**主根圆锥状。**茎：**分茎极缩短，叶及总花梗于分茎上丛生。**叶：**早生叶被长柔毛，后生叶毛稀疏，甚几至无毛；叶柄具沟；小叶7～21片，椭圆形到长圆形，卵形到长卵形，有时披针形，顶端小叶有时为倒卵形，基部圆，先端具细尖，急尖、钝、微缺或下凹成弧形。**花：**伞形花序有2～6朵花；总花梗具沟，被长柔毛；苞片三角状线形；花萼钟状，被贴伏长柔毛；花冠紫堇色，倒卵形，全缘，翼瓣斜长倒卵形；子房椭圆状，密被贴服长柔毛；花柱无毛，内卷，顶端膨大成圆形柱头。**果：**荚果圆筒状，被长柔毛。**种子：**种子三角状肾形，直径约1.8 mm，具凹点。花期4月，果期5—6月。

【药材名】甜地丁（药用部位：全草）。

【性味、归经及功用】苦、甘，寒。归心、肝经。清热解毒，凉血消肿。用于痈肿疔疮、外耳道疖肿、肠痈、瘰疬、丹毒、毒虫咬伤。

【用法用量】煎服，9～15 g。外用适量，捣烂敷或熬膏摊贴患处。

【采收加工】夏季采挖，除去杂质，晒干。

【植物速认】多年生草本；叶椭圆形；花冠紫堇色；荚果圆筒状，被长柔毛。

1. 米口袋　2. 花　3. 果　4. 甜地丁（药材）

豆科 Fabaceae —— 木蓝属 *Indigofera*

河北木蓝

Indigofera bungeana Walp.

【植物形态】直立灌木，高40～100 cm。**根：** 主根圆锥状。**茎：** 茎褐色，圆柱形，有皮孔，枝银灰色，被灰白色丁字毛。**叶：** 羽状复叶，叶轴上面有槽，与叶柄均被灰色平贴丁字毛；托叶三角形；小叶2～4对，对生，椭圆形，稍倒阔卵形先端钝圆，基部圆形，上面绿色，疏被丁字毛，下面苍绿色，丁字毛较粗；小托叶与小叶柄近等长或不明显。**花：** 总状花序腋生；花萼外面被白色丁字毛，三角状披针形，与萼筒近等长；花冠紫色或紫红色，旗瓣阔倒卵形，外面被丁字毛，翼瓣与龙骨瓣等长，龙骨瓣有距；花药圆球形，先端具小凸尖；子房线形，被疏毛。**果：** 荚果褐色，线状圆柱形，被白色丁字毛。**种子：** 种子间有横隔，内果皮有紫红色斑点，种子椭圆形。花期5—6月，果期8—10月。

【药材名】铁扫竹（药用部位：全草）。

【性味、归经及功用】微苦，寒。归肺、胃经。清热止血，消肿生肌。用于预防流行性乙型脑炎、腮腺炎。

【用法用量】煎服，9～15 g，鲜品30～60 g。外用适量，研末调敷，或用鲜品捣敷，或煎水洗。

【采收加工】春、秋季采收，洗净，鲜用或切段晒干。

【植物速认】直立灌木；羽状复叶，对生，椭圆形；花冠紫色或紫红色；荚果褐色，线状圆柱形。

1. 河北木蓝　2. 花　3. 叶

豆科 Fabaceae —— 胡枝子属 *Lespedeza*

兴安胡枝子

Lespedeza daurica (Laxmann) Schindler

【植物形态】小灌木,高达1 m。**茎:** 茎通常稍斜升,单一或数个簇生,老枝黄褐色或赤褐色,被短柔毛或无毛,幼枝绿褐色,有细棱,被白色短柔毛。**叶:** 羽状复叶具3小叶;托叶线形,小叶长圆形或狭长圆形,先端圆形或微凹,有小刺尖,基部圆形,上面无毛,下面被贴伏的短柔毛;顶生小叶较大。**花:** 总状花序腋生;总花梗密生短柔毛;小苞片披针状线形,有毛;花冠白色或黄白色,旗瓣长圆形,长约1 cm,中央稍带紫色,具瓣柄,翼瓣长圆形,先端钝,较短,龙骨瓣比翼瓣长,先端圆形,闭锁花生于叶腋,结实。**果:** 荚果小,倒卵形或长倒卵形,先端有刺尖,基部稍狭,两面凸起,有毛,包于宿存花萼内。花期7—8月,果期9—10月。

【药材名】胡枝子(药用部位:根)。

【性味、归经及功用】辛、微苦,凉。归肺、膀胱经。解表。用于感冒发热。

【用法用量】煎服,5～15 g。

【采收加工】全年可采,晒干。

【植物速认】小灌木;羽状复叶具3小叶,叶长圆形或狭长圆形;总状花序腋生,较叶短或与叶等长,花冠白色或黄白色;荚果小,倒卵形或长倒卵形。

1. 兴安胡枝子　2. 叶　3. 花　4. 胡枝子(药材)

豆科 Fabaceae —— 苜蓿属 *Medicago*

紫苜蓿

Medicago sativa L.

【植物形态】多年生草本,高30～100 cm。**根:** 根粗壮,深入土层,根颈发达。**茎:** 茎直立、丛生以至平卧,四棱形,无毛或微被柔毛,枝叶茂盛。**叶:** 羽状三出复叶,托叶大,卵状披针形,先端锐尖,基部全缘或具1～2齿裂,脉纹清晰;叶柄比小叶短;小叶长卵形、倒长卵形至线状卵形,等大,或顶生小叶稍大,纸质,先端钝圆,具由中脉伸出的长齿尖,基部狭窄,楔形。**花:** 花序总状或头状,具花5～30朵;总花梗挺直,比叶长;苞片线状锥形,比花梗长或等长;萼钟形,萼齿线状锥,被贴伏柔毛;花冠各色:淡黄、深蓝至暗紫色,旗瓣长圆形,先端微凹;子房线形,具柔毛;花柱短阔,上端细尖,柱头点状,胚珠多数。**果:** 荚果螺旋状,中央无孔或近无孔,被柔毛或渐脱落,脉纹细,不清晰,熟时棕色;有种子10～20粒。**种子:** 种子卵形,平滑,黄色或棕色。花期5—7月,果期6—8月。

【药材名】苜蓿根(药用部位:根)。

【性味、归经及功用】苦,寒。归肝、肾经。清热利湿,通淋排石。用于热病烦满、黄疸、尿路结石。

【用法用量】煎服,15～30 g,或捣汁。

【采收加工】夏季采挖,洗净,鲜用或晒干。

【植物速认】多年生草本;羽状三出复叶,小叶长卵形、倒长卵形至线状卵形,具齿;花常紫色;荚果螺旋状。

1. 紫苜蓿
2. 花
3. 叶
4. 苜蓿根(药材)

豆科 Fabaceae —— 草木樨属 *Melilotus*

草木犀

Melilotus officinalis (L.) Pall.

【植物形态】二年生草本，高40～100（～250）cm。**茎：**茎直立，粗壮，多分枝，具纵棱，微被柔毛。**叶：**羽状三出复叶；托叶镰状线形；叶柄细长；小叶倒卵形、阔卵形、倒披针形至线形，先端钝圆或截形，基部阔楔形，边缘具不整齐疏浅齿，上面无毛，粗糙，下面散生短柔毛，顶生小叶稍大，具较长的小叶柄，侧小叶的小叶柄短。**花：**总状花序腋生；花梗与苞片等长或稍长；花冠黄色，旗瓣倒卵形，与翼瓣近等长，龙骨瓣稍短或三者均近等长；雄蕊筒在花后常宿存包于果外；子房卵状披针形；花柱长于子房。**果：**荚果卵形，长3～5 mm，宽约2 mm，先端具宿存花柱，表面具凹凸不平的横向细网纹，棕黑色。**种子：**种子卵形，长2.5 mm，黄褐色，平滑。花期5—9月，果期6—10月。

【药材名】辟汗草（药用部位：全草）。

【性味、归经及功用】微甘，平。归脾、大肠经。化湿，和中。用于暑湿胸闷、头痛头昏、恶心泛呕、舌腻。

【用法用量】煎服，15～30 g。

【采收加工】夏、秋季采收地上部分药用。

【植物速认】二年生草本；羽状三出复叶，叶倒卵形、阔卵形、倒披针形至线形；总状花序腋生，黄色；荚果卵形，棕黑色。

1 | 2 3 / 4

1. 草木犀　2. 叶　3. 果　4. 辟汗草（药材）

豆科 Fabaceae —— 棘豆属 *Oxytropis*

硬毛棘豆

Oxytropis fetissovii Bunge

【植物形态】多年生草本，高7～10 cm。**根：**根直伸，根径5～7 mm。**茎：**缩短。**叶：**叶柄与叶轴被开展硬毛；小叶8～12轮，每轮3～4片，长圆状披针形，长5～10 mm，宽1～2 mm，先端尖，边缘内卷，两面疏被白色长硬毛。**花：**8花组成穗形总状花序；总花梗坚硬，略长于叶，被开展白色柔毛；苞片草质，卵状披针形。**果：**荚果革质，长圆形，腹面具深沟，被贴伏白色柔毛，不完全2室。花果期5—6月。

【药材名】硬毛棘豆（药用部位：地上部分）。

【性味、归经及功用】苦、甘，凉。归肺、膀胱、胃、大肠经。清热，愈伤，生肌，锁脉，止血，消肿，通便。用于瘟疫、发症、丹毒、腮腺炎、阵刺痛、肠刺痛、胸刺痛、颈强痛、类风湿游痛症、麻疹、创伤、抽筋、鼻衄、月经过多、吐血、咯血。

【用法用量】煎服，3～6 g。

【采收加工】夏、秋花盛开时采收，除去根及杂质，阴干。

【植物速认】多年生草本；叶长圆状披针形，对生，两面疏被白色长硬毛；花冠红紫色；荚果长圆形，革质。

1. 硬毛棘豆　2. 叶　3. 花

豆科 Fabaceae —— 棘豆属 *Oxytropis*

地角儿苗

Oxytropis bicolor Bunge

【植物形态】多年生草本，高5～20 cm。**根：**主根发达，直伸，暗褐色。**茎：**茎缩短，簇生。**叶：**轮生羽状复叶；托叶膜质，卵状披针形；叶轴有时微具腺体；小叶7～17轮，对生或4片轮生，线形、线状披针形、披针形，先端急尖，基部圆形，边缘常反卷。**花：**10～15花组成或疏或密的总状花序。**果：**荚果几革质，稍坚硬，卵状长圆形，膨胀，腹背稍扁。花果期4—9月。

【植物速认】多年生草本；轮生羽状复叶，卵状披针形；总状花序，花冠紫红色；荚果卵状长圆形。

1. 花　2. 地角儿苗　3. 叶

1 | 2/3

豆科 Fabaceae —— 葛属 *Pueraria*

葛

Pueraria montana (Loureiro) Merrill

【植物形态】粗壮藤本，长可达8 m。**茎：**茎基部木质，有粗厚的块状根。**叶：**羽状复叶具3小叶；托小托叶线状披针形，与小叶柄等长或较长；小叶三裂，偶尔全缘，顶生小叶宽卵形或斜卵形，先端长渐尖，侧生小叶斜卵形，稍小，上面被淡黄色、平伏的蔬柔毛，下面较密；小叶柄被黄褐色绒毛。**花：**总状花序，中部以上有颇密集的花，花2～3朵聚生于花序轴的节上；花冠长10～12 mm，紫色，旗瓣倒卵形，龙骨瓣镰状长圆形，基部有极小、根尖的耳，对旗瓣的1枚雄蕊仅上部离生；子房线形，被毛。**果：**荚果长椭圆形，扁平，被褐色长硬毛。花期9—10月，果期11—12月。

【药材名】葛根（药用部位：根）；葛谷（药用部位：种子）；葛花（药用部位：花）。

【性味、归经及功用】葛根：甘、辛，凉。归脾、胃、肺经。解肌退热，生津止渴，透疹，升阳止泻，通经活络，解酒毒。用于外感发热头痛、项背强痛、口渴、消渴、麻疹不透、热痢、泄泻、眩晕头痛、中风偏瘫、胸痹心痛、酒毒伤中。葛谷：甘，平；无毒。归大肠、胃经。健脾止泻，解酒。用于泄泻、痢疾、饮酒过度。葛花：甘，凉。归脾、胃经。解酒毒，清湿热。用于酒毒烦渴、湿热便血。

【用法用量】葛根：煎服，10～15 g。葛谷：煎服，10～15 g。葛花：煎服，3～5 g。

【采收加工】葛根：秋、冬二季采挖，趁鲜切成厚片或小块，干燥。葛谷：秋季果实成熟时采收，打下种子，晒干。葛花：秋季花未完全开放时采摘，阴干。

【植物速认】粗壮藤本；羽状复叶具3小叶；总状花序，花冠紫色；荚果长椭圆形，扁平，被褐色长硬毛。

1. 葛
2. 茎
3. 叶
4. 葛根（药材）
5. 葛花（药材）

豆科 Fabaceae —— 刺槐属 *Robinia*

红花刺槐

Robinia pseudoacacia f. *decaisneana* (Carr.) Voss

【植物形态】落叶灌木,高2 m。**叶:** 羽状复叶,小叶7～13枚,广椭圆形至近圆形。**花:** 花粉红或紫红色,2～7朵成稀疏的总状花序。**果:** 荚果,具腺状刺毛。

【植物速认】落叶灌木; 羽状复叶; 花红色至玫瑰红色; 荚果线形。

1. 红花刺槐　2. 叶　3. 花

| 1 | 2 | 3 |

豆科 Fabaceae —— 刺槐属 *Robinia*

刺槐

Robinia pseudoacacia L.

【植物形态】落叶乔木,高10～25 m。**茎:** 树皮灰褐色至黑褐色,浅裂至深纵裂,稀光滑;小枝灰褐色,幼时有棱脊,微被毛,后无毛;具托叶刺,长达2 cm。**芽:** 冬芽小,被毛。**叶:** 羽状复叶,叶轴上面具沟槽;小叶对生,椭圆形、长椭圆形或卵形,先端圆,微凹,具小尖头,基部圆至阔楔形,全缘,上面绿色,下面灰绿色,幼时被短柔毛,后变无毛。**花:** 总状花序腋生;花梗长7～8 mm;花萼斜钟状;花冠白色,各瓣均具瓣柄,旗瓣近圆形;雄蕊二体,对旗瓣的1枚分离;子房线形,长约1.2 cm,无毛;花柱钻形,长约8 mm,上弯,顶端具毛,柱头顶生。**果:** 荚果褐色,或具红褐色斑纹,线状长圆形,扁平,先端上弯,具尖头,果颈短,沿腹缝线具狭翅。**种子:** 种子褐色至黑褐色,微具光泽,有时具斑纹,近肾形,种脐圆形,偏于一端。花期4—6月,果期8—9月。

【药材名】刺槐花(药用部位:花)。

【性味、归经及功用】甘,平。归肝经。止血。用于咯血、大肠下血、吐血、崩漏。

【用法用量】煎服,15～25 g。

【采收加工】6—7月盛开时采收花序,摘下花,晾干。

【植物速认】落叶乔木;具托叶刺;羽状复叶,对生;花冠白色;荚果褐色,或具红褐色斑纹,线状长圆形,扁平。

1. 刺槐　2. 茎　3. 花　4. 果　5. 刺槐花(药材)

豆科 Fabaceae —— 苦参属 *Sophora*

白刺花

Sophora davidii (Franch.) Skeels

【植物形态】灌木或小乔木，高1～2 m，有时3～4 m。**叶**：羽状复叶；托叶钻状，部分变成刺，疏被短柔毛，宿存；小叶5～9对，形态多变，一般为椭圆状卵形或倒卵状长圆形，先端圆或微缺，常具芒尖，基部钝圆形，上面几无毛，下面中脉隆起，疏被长柔毛或近无毛。**花**：总状花序着生于小枝顶端；旗瓣倒卵状长圆形，先端圆形，基部具细长柄，柄与瓣片近等长，龙骨瓣比翼瓣稍短，镰状倒卵形，具锐三角形耳；子房比花丝长，密被黄褐色柔毛；花柱变曲，无毛，胚珠多数。**果**：荚果非典型串珠状，稍压扁，开裂方式与砂生槐同，表面散生毛或近无毛。**种子**：卵球形，深褐色。花期3—8月，果期6—10月。

【药材名】白刺花根（药用部位：根）；白刺花籽（药用部位：种子）；白刺花（药用部位：枝花）。

【性味、归经及功用】白刺花根：苦，寒。归肺、大肠经。清热利湿，消积通便，杀虫止痒。用于腹痛腹胀、食积虫积、痢疾、带下阴痒、疥癞疮癣。白刺花籽：甘、苦，微温。归脾、胃经。健脾，理气，消积化食。用于消化不良、腹痛腹胀。白刺花：苦，平。归脾、胃经。清热凉血，解毒杀虫。用于暑热烦渴、衄血、便血、疔疮肿毒、疥癣、烫伤、阴道滴虫。

【用法用量】白刺花根：煎服，10～15 g。外用适量，煎水外洗。白刺花籽：煎服，3～6 g；研末吞服，1～2 g。白刺花：煎服，9～15 g；泡茶饮，1～3 g。外用适量，捣烂敷。

【采收加工】白刺花根：全年可采挖，洗净，干燥。白刺花籽：秋季采集，拣净杂质，干燥。白刺花：春季采集，晾干或晒干。

【植物速认】灌木或小乔木；不育枝末端明显变成刺；羽状复叶；总状花序，花冠白色或淡黄色；荚果非典型串珠状。

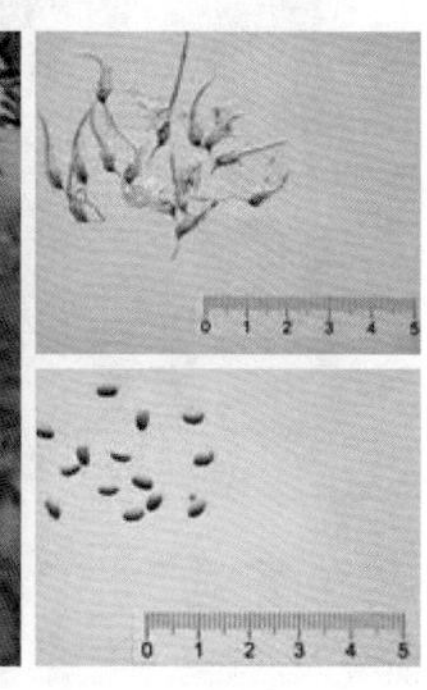

1. 白刺花　2. 花　3. 果　4. 白刺花（药材）　5. 白刺花籽（药材）

1　2　3　4/5

豆科 Fabaceae —— 槐属 *Styphnolobium*

槐

Styphnolobium japonicum (L.) Schott

【植物形态】乔木，高达25 m。**茎：**树皮灰褐色，具纵裂纹。**叶：**羽状复叶；托叶形状多变，有时呈卵形，叶状，有时线形或钻状，早落；小叶4～7对，对生或近互生，纸质，卵状披针形或卵状长圆形，先端渐尖，具小尖头，基部宽楔形或近圆形，稍偏斜，下面灰白色，初被疏短柔毛，旋变无毛。**花：**圆锥花序顶生；花冠白色或淡黄色，旗瓣近圆形，具短柄，有紫色脉纹，先端微缺，基部浅心形，翼瓣卵状长圆形，先端浑圆，基部斜戟形，无皱褶，龙骨瓣阔卵状长圆形，雄蕊近分离，宿存；子房近无毛。**果：**荚果串珠状。**种子：**卵球形，淡黄绿色，干后黑褐色。花期7—8月，果期8—10月。

【药材名】槐花（药用部位：花）；槐角（药用部位：果实）。

【性味、归经及功用】槐花：苦，微寒。归肝、大肠经。凉血止血，清肝泻火。用于便血、痔血、血痢、崩漏、吐血、衄血、肝热目赤、头痛眩晕。槐角：苦，寒。归肝、大肠经。清热泻火，凉血止血。用于肠热便血、痔肿出血、肝热头痛、眩晕目赤。

【用法用量】槐花：煎服，5～10 g。槐角：煎服，6～9 g。

【采收加工】槐花：夏季花开放或花蕾形成时采收，及时干燥，除去枝、梗及杂质。槐角：冬季采收，除去杂质，干燥。

【植物速认】乔木；羽状复叶；圆锥花序顶生，花冠白色或淡黄色；荚果串珠状。

1. 槐　2. 叶　3. 果　4. 槐花（药材）　5. 槐角（药材）　6. 槐枝（药材）

豆科 Fabaceae —— 车轴草属 *Trifolium*

红车轴草

Trifolium pratense L.

【植物形态】短期多年生草本，生长期2～5 (～9)年。**茎:** 茎粗壮，具纵棱，直立或平卧上升，疏生柔毛或秃净。**叶:** 掌状三出复叶，小叶卵状椭圆形至倒卵形，基部阔楔形，两面疏生褐色长柔毛，叶面上常有“V”字形白斑，侧脉约15对，作20°角展开在叶边处分叉隆起，伸出形成不明显的钝齿；小叶柄短，长约1.5 mm。**花:** 序球状或卵状，顶生，无总花梗或具甚短总花梗，包于顶生叶的托叶内，托叶扩展成焰苞状；花冠紫红色至淡红色，旗瓣匙形；子房椭圆形，花柱丝状细长；胚珠1～2粒。**果:** 荚果卵形。**种子:** 扁圆形种子。花果期5—9月。

【药材名】红车轴草(药用部位：地上部分)。

【性味、归经及功用】辛、酸，平。归肺、肝经。镇痉，止汗，止咳，平喘。用于围绝经期综合征、百日咳、支气管炎。

【用法用量】煎服，15～45 g。

【采收加工】5—9月花开时采割，除去杂质，烘干或晒干。

【植物速认】短期多年生草本；掌状三出复叶，叶卵状椭圆形至倒卵形，叶面上常有“V”字形白斑；花序球状或卵状，顶生，花冠紫红色至淡红色。

1. 红车轴草　2. 茎　3. 叶　4. 红车轴草(药材)

豆科 Fabaceae —— 车轴草属 *Trifolium*

白车轴草

Trifolium repens L.

【植物形态】短期多年生草本，生长期达5年，高10～30 cm。**茎：**茎匍匐蔓生，上部稍上升，节上生根，全株无毛。**叶：**掌状三出复叶；托叶卵状披针形，叶柄较长；小叶倒卵形至近圆形，先端凹头至钝圆，两面均隆起，近叶边分叉并伸达锯齿齿尖；小叶柄长1.5 mm，微被柔毛。**花：**叶倒卵形至近圆形，直径15～40 mm；花长7～12 mm；花梗比花萼稍长或等长，开花立即下垂；花冠白色、乳黄色或淡红色，具香气。旗瓣椭圆形，比翼瓣和龙骨瓣长近1倍，龙骨瓣比翼瓣稍短。**果：**荚果长圆形。**种子：**种子通常3粒。种子阔卵形。花果期5—10月。

【药材名】三消草（药用部位：全草）。

【性味、归经及功用】微甘，平。归心、脾经。清热，凉血，宁心。用于癫痫、痔疮出血、硬结肿块。

【用法用量】煎服，15～30 g。外用适量，捣敷。

【采收加工】夏、秋季花盛期采收，晒干。

【植物速认】短期多年生草本；掌状三出复叶，叶倒卵形至近圆形；花冠常白色；荚果长圆形。

1. 白车轴草　2. 叶　3. 花　4. 三消草（药材）

豆科 Fabaceae —— 野豌豆属 *Vicia*

大花野豌豆

Vicia bungei Ohwi

【植物形态】一二年生缠绕或匍匐伏草本，高15～40（～50）cm。**茎：**茎有棱，多分枝，近无毛偶数羽状复叶顶端卷须有分枝。**叶：**托叶半箭头形，有锯齿；小叶3～5对，长圆形或狭倒卵长圆形，先端平截微凹，稀齿状，上面叶脉不甚清晰，下面叶脉明显被疏柔毛。**花：**总状花序长于叶或与叶轴近等长；花冠红紫色或金蓝紫色，旗瓣倒卵披针形，先端微缺，翼瓣短于旗瓣，长于龙骨瓣；子房柄细长，沿腹缝线被金色绢毛；花柱上部被长柔毛。**果：**荚果扁长圆形。**种子：**种子2～8，球形。花期4—5月，果期6—7月。

【植物速认】一二年生缠绕或匍匐伏草本；小叶3～5对，长圆形或狭倒卵长圆形；花冠红紫色或金蓝紫色，较大；荚果扁长圆形。

1. 大花野豌豆　2. 叶　3. 花　4. 果

酢浆草科 Oxalidaceae —— 酢浆草属 *Oxalis*

酢浆草

Oxalis corniculata L.

【植物形态】草本，高10～35 cm。**茎：**茎细弱，多分枝，直立或匍匐，匍匐茎节上生根。**叶：**叶基生或茎上互生；托叶小，长圆形或卵形，边缘被密长柔毛，基部与叶柄合生，或同一植株下部托叶明显而上部托叶不明显；小叶3，无柄，倒心形，先端凹入，基部宽楔形，两面被柔毛或表面无毛，沿脉被毛较密，边缘具贴伏缘毛。**花：**花单生或数朵集为伞形花序状，腋生；总花梗淡红色，与叶近等长；花瓣5，黄色，长圆状倒卵形；雄蕊10，花丝白色半透明，有时被疏短柔毛，基部合生，长短互间，长者花药较大且早熟；子房长圆形，5室，被短伏毛；花柱5，柱头头状。**果：**蒴果长圆柱形，5棱。**种子：**种子长卵形，褐色或红棕色，具横向肋状网纹。花期2—9月，果期2—9月。

【药材名】酢浆草（药用部位：全草）。

【性味、归经及功用】酸，寒。归肝、肺、膀胱经。清热利湿，凉血散瘀，消肿解毒。用于咽喉炎、扁桃体炎、口疮、泄泻、痢疾、黄疸、淋证、赤白带下、麻疹、吐血、衄血、疔疮、疥癣、跌打损伤等。

【用法用量】煎服，9～15 g，鲜品30～60 g。外用适量，煎水洗，捣敷或捣汁涂，或煎水漱口。

【采收加工】夏、秋二季采收，除去泥沙、杂质，鲜用或晒干。

【植物速认】草本；茎直立或匍匐，匍匐茎节上生根；小叶3，无柄，倒心形；花黄色；蒴果长圆柱形。

1	2	3
	4	

1. 酢浆草
2、3. 花
4. 酢浆草（药材）

牻牛儿苗科 Geraniaceae —— 牻牛儿苗属 *Erodium*

牻牛儿苗

Erodium stephanianum Willd.

【植物形态】多年生草本,高通常15～50 cm。**根:** 根为直根,较粗壮,少分枝。**茎:** 茎多数,仰卧或蔓生,具节,被柔毛。**叶:** 叶对生;托叶三角状披针形,被疏柔毛,边缘具缘毛;基生叶和茎下部叶具长柄,被开展的长柔毛和倒向短柔毛;叶片轮廓卵形或三角状卵形,基部心形,二回羽状深裂,小裂片卵状条形,沿脉被毛较密。**花:** 伞形花序腋生,明显长于叶;总花梗被开展长柔毛和倒向短柔毛,每梗具2～5花;苞片狭披针形;花梗花期直立,果期开展,上部向上弯曲;萼片矩圆状卵形,先端具长芒,被长糙毛;花瓣紫红色,倒卵形,先端圆形或微凹,雄蕊稍长于萼片;花丝紫色,被柔毛;花柱紫红色。**果:** 蒴果,密被短糙毛。**种子:** 种子褐色,具斑点。花期6—8月,果期8—9月。

【药材名】老鹳草(药用部位:全草)。

【性味、归经及功用】辛、苦,平。归肝、肾、脾经。祛风湿,通经络,止泻痢。用于风湿痹痛、麻木拘挛、筋骨酸痛、泄泻痢疾。

【用法用量】煎服,9～15 g。

【采收加工】夏、秋二季果实近成熟时采割,捆成把,晒干。

【植物速认】多年生草本;茎仰卧或蔓生;叶对生,二回羽状深裂;伞形花序腋生,花紫红色;蒴果长椭圆形,顶端有长喙,被短粗毛。

1	2	3
	4	

1. 牻牛儿苗
2. 花
3. 果
4. 老鹳草(药材)

蒺藜科 Zygophyllaceae —— 蒺藜属 *Tribulus*

蒺藜

Tribulus terrestris Linnaeus

【植物形态】一年生草本。**茎:** 茎平卧,无毛,被长柔毛或长硬毛。**叶:** 偶数羽状复叶;小叶对生,3～8对,矩圆形或斜短圆形,先端锐尖或钝,基部稍偏科,被柔毛,全缘。**花:** 花腋生;花梗短于叶;花黄色,萼片5,宿存;花瓣5;雄蕊10,生于花盘基部,基部有鳞片状腺体;子房5棱,柱头5裂,每室3～4胚珠。**果:** 果有分果瓣5,硬,长4～6 mm,无毛或被毛,中部边缘有锐刺2枚,下部常有小锐刺2枚,其余部位常有小瘤体。花期5—8月,果期6—9月。

【药材名】蒺藜(药用部位:果实)。

【性味、归经及功用】辛、苦,微温;有小毒。归肝经。平肝解郁,活血祛风,明目,止痒。用于头痛眩晕、胸胁胀痛、乳闭乳痈、目赤翳障、风疹瘙痒。

【用法用量】煎服,6～10 g。

【采收加工】秋季果实成熟时,割取全株,晒干,打下果实,除去杂质。

【植物速认】一年生草本;偶数羽状复叶;花黄色,腋生;果有分果瓣5,硬。

1. 蒺藜　2. 花　3. 果　4. 蒺藜(药材)

大戟科 Euphorbiaceae —— 铁苋菜属 *Acalypha*

铁苋菜

Acalypha australis L.

【植物形态】一年生草本，高0.2～0.5 m。**叶：**叶膜质，长卵形、近菱状卵形或阔披针形，顶端短渐尖，基部楔形，稀圆钝，边缘具圆锯，上面无毛，下面沿中脉具柔毛；基出脉3条，侧脉3对；叶柄具短柔毛；托叶披针形，具短柔毛。**花：**雌雄花同序，花序腋生，稀顶生，花序轴具短毛；雌花苞片1～2枚，卵状心形，花后增大，边缘具三角形齿，外面沿掌状脉具疏柔毛；子房具疏毛，花柱3枚，撕裂5～7条。**果：**蒴果直径4 mm，具3个分果爿，果皮具疏生毛和毛基变厚的小瘤体。**种子：**种子近卵状，长1.5～2 mm，种皮平滑，假种阜细长。花期4—12月，果期4—12月。

【药材名】铁苋菜（药用部位：全草）。

【性味、归经及功用】苦、涩，凉。归心、肺经。清解热毒，利湿，收敛止血。用于肠炎、痢疾、吐血、衄血、便血、尿血、崩漏；外治痈疖疮疡、皮炎湿疹。

【用法用量】煎服，15～30 g。

【采收加工】夏、秋季二季采割，除去杂质，晒干。

【植物速认】一年生草本；叶膜质，长卵形、近菱状卵形或阔披针形；穗状花序腋生；蒴果。

1 2 3 4

1、2. 铁苋菜　3. 雌、雄花　4. 铁苋菜（药材）

大戟科 Euphorbiaceae —— 大戟属 *Euphorbia*

乳浆大戟

Euphorbia esula L.

【植物形态】多年生草本。**根:** 根圆柱状，不分枝或分枝，常曲折，褐色或黑褐色。**茎:** 茎单生或丛生，单生时自基部多分枝；不育枝常发自基部，较矮，有时发自叶腋。**叶:** 叶线形至卵形，变化极不稳定，先端尖或钝尖，基部楔形至平截；无叶柄；不育枝叶常为松针状；无柄；总苞叶3～5枚，与茎生叶同形；苞叶2枚，常为肾形，少为卵形或三角状卵形，先端渐尖或近圆，基部近平截。**花:** 花序单生于二歧分枝的顶端，基部无柄，总苞钟状，边缘5裂，裂片半圆形至三角形，边缘及内侧被毛；腺体4，新月形，两端具角，角长而尖或短而钝，变异幅度较大，褐色；花柱3，分离，柱头2裂。**果:** 蒴果三棱状球形，具3个纵沟，花柱宿存；成熟时分裂为3个分果爿。**种子:** 种子卵球状，成熟时黄褐色，种阜盾状，无柄。花果期4—10月。

【药材名】猫眼草(药用部位：全草)。

【性味、归经及功用】苦，凉；有毒。归肺、肝经。利尿消肿，拔毒止痒。用于四肢浮肿、小便淋痛不利、疟疾；外治瘰疬、疮癣瘙痒。

【用法用量】煎服，0.9～2.4 g。本品有毒，内服宜慎。

【采收加工】秋季采收，晒干。

【植物速认】多年生草本；叶线形至卵形，变化极不稳定；杯状聚伞花序顶生；蒴果三棱状球形。

1. 乳浆大戟
2. 花
3. 果
4. 猫眼草(药材)

大戟科 Euphorbiaceae —— 大戟属 *Euphorbia*

地锦草

Euphorbia humifusa Willd.

【植物形态】一年生草本。**根:** 根纤细,常不分枝。**茎:** 茎匍匐,自基部以上多分枝,偶尔先端斜向上伸展,基部常红色或淡红色,被柔毛或疏柔毛。**叶:** 叶对生,矩圆形或椭圆形,先端钝圆,基部偏斜,边缘常于中部以上具细锯齿;叶面绿色,叶背淡绿色,有时淡红色,两面被疏柔毛。**花:** 花序单生于叶腋;腺体4,矩圆形,边缘具白色或淡红色附属物;子房三棱状卵形,光滑无毛;花柱3,分离;柱头2裂。**果:** 蒴果三棱状卵球形,成熟时分裂为3个分果爿,花柱宿存。**种子:** 种子三棱状卵球形,灰色,每个棱面无横沟,无种阜。花果期5—10月。

【药材名】地锦草(药用部位:全草)。

【性味、归经及功用】辛,平。归肝、大肠经。清热解毒,凉血止血,利湿退黄。用于痢疾、泄泻、咯血、尿血、便血、崩漏、疮疖痈肿、湿热黄疸。

【用法用量】煎服,9～20 g。外用适量。

【采收加工】夏、秋二季采收,除去杂质,晒干。

【植物速认】一年生草本;茎匍匐;叶对生,矩圆形或椭圆形;花序单生于叶腋,边缘具白色或淡红色附属物;蒴果三棱状卵球形。

1. 地锦草 2. 叶 3. 花 4. 地锦草(药材)

大戟科 Euphorbiaceae —— 大戟属 *Euphorbia*

斑地锦

Euphorbia maculata L.

【植物形态】一年生草本。**根:** 根纤细,长4～7 cm,直径约2 mm。**茎:** 茎匍匐,长10～17 cm,直径约1 mm,被白色疏柔毛。**叶:** 叶对生,长椭圆形至肾状长圆形,先端钝,基部偏斜,不对称,略呈渐圆形,边缘中部以下全缘,中部以上常具细小疏锯齿;叶面绿色,中部常具有一个长圆形的紫色斑点,叶背淡绿色或灰绿色,新鲜时可见紫色斑,两面无毛;叶柄极短;托叶钻状,不分裂,边缘具睫毛。**花:** 花序单生于叶腋,基部具短柄,总苞狭杯状,外部具白色疏柔毛,边缘5裂,裂片三角状圆形;腺体4,黄绿色,横椭圆形,边缘具白色附属物;子房被疏柔毛;花柱短,近基部合生;柱头2裂。**果:** 蒴果三角状卵形,被稀疏柔毛,成熟时易分裂为3个分果爿。**种子:** 种子卵状四棱形,长约1 mm,直径约0.7 mm,灰色或灰棕色,每个棱面具5个横沟,无种阜。花果期4—9月。

【药材名】地锦草(药用部位:全草)。

【性味、归经及功用】辛,平。归肝、大肠经。清热解毒,凉血止血,利湿退黄。用于痢疾、泄泻、咯血、尿血、便血、崩漏、疮疖痈肿、湿热黄疸。

【用法用量】煎服,9～20 g。外用适量。

【采收加工】夏、秋二季采收,除去杂质,晒干。

【植物速认】一年生草本;茎匍匐;叶对生,中部常具有一个长圆形的紫色斑点。

1	2
	3

1. 斑地锦
2. 茎、叶
3. 地锦草(药材)

大戟科 Euphorbiaceae —— 地构叶属 *Speranskia*

地构叶

Speranskia tuberculata (Bunge) Baill.

【植物形态】多年生草本。**茎：**茎直立，高25～50 cm，分枝较多，被伏贴短柔毛。**叶：**叶纸质，披针形或卵状披针形，顶端渐尖，稀急尖，尖头钝，基部阔楔形或圆形，边缘具疏离圆齿或有时深裂，齿端具腺体，上面疏被短柔毛，下面被柔毛或仅叶脉被毛；叶柄长不及5 mm或近无柄；托叶卵状披针形。**花：**总状花序，上部有雄花20～30朵，下部有雌花6～10朵，位于花序中部的雌花的两侧有时具雄花1～2朵；苞片卵状披针形或卵形；雄花：2～4朵生于苞腋，共萼裂片卵形，外面疏被柔毛，共瓣倒心形，具爪，被毛。**果：**蒴果扁球形，被柔毛和具瘤状突起。**种子：**种子卵形，顶端急尖，灰褐色。花果期5—9月。

【药材名】透骨草（药用部位：全草）。

【性味、归经及功用】辛，温。归肝、肾经。祛风除湿，舒筋活络，散瘀消肿。用于风湿痹痛、筋骨挛缩、寒湿脚气、腰部扭伤、瘫痪、闭经、阴囊湿疹、疮疖肿毒。

【用法用量】煎服，9～15 g。外用适量，煎水熏洗。

【采收加工】夏、秋二季割取带花果的地上全草，晒干。

【植物速认】多年生草本；叶纸质，披针形或卵状披针形；总状花序；蒴果扁球形。

1. 地构叶　2. 果　3. 花　4. 透骨草（药材）

叶下珠科 Phyllanthaceae —— 雀舌木属 *Leptopus*

雀儿舌头

Leptopus chinensis (Bunge) Pojark.

【植物形态】直立灌木，高达3 m。**茎：**茎上部和小枝条具棱；除枝条、叶片、叶柄和萼片均在幼时被疏短柔毛外，其余无毛。**叶：**叶片膜质至薄纸质，卵形、近圆形、椭圆形或披针形，顶端钝或急尖，基部圆或宽楔形，叶面深绿色，叶背浅绿色；侧脉每边4～6条，在叶面扁平，在叶背微凸起；托叶小，卵状三角形，边缘被睫毛。**花：**花小，雌雄同株，单生或2～4朵簇生于叶腋；萼片、花瓣和雄蕊均为5；雄花：花梗丝状；萼片卵形或宽卵形，浅绿色，膜质，具有脉纹，花瓣白色，匙形，膜质；花盘腺体5，分离，顶端2深裂。**果：**蒴果圆球形或扁球形，直径6～8 mm，基部有宿存的萼片；果梗长2～3 cm。花期2—8月，果期6—10月。

【药材名】雀儿舌头（药用部位：根）。

【性味、归经及功用】辛，温。归胃、大肠经。理气止痛。用于脾胃气滞所致脘腹胀痛、食欲不振、寒疝腹痛、下痢腹痛。

【用法用量】煎服，6～12 g。

【采收加工】春初或秋后采挖根部，洗净，晒干。

【植物速认】直立灌木；叶对生，长椭圆形至肾状长圆形；花序单生于叶腋，黄绿色；蒴果三角状卵形。

1. 雀儿舌头
2. 花
3. 叶

芸香科 Rutaceae —— 花椒属 *Zanthoxylum*

花椒

Zanthoxylum bungeanum Maxim.

【植物形态】小乔木，高3～7 m。**茎：**茎干上的刺常早落，枝有短刺，小枝上的刺基部宽而扁且为劲直的长三角形。**叶：**叶有小叶5～13片，叶轴常有甚狭窄的叶翼；小叶对生，无柄，卵形，椭圆形，稀披针形，位于叶轴顶部的较大，近基部的有时圆形，叶缘有细裂齿，齿缝有油点。**花：**花序顶生或生于侧枝之顶；花序轴及花梗密被短柔毛或无毛，花被片6～8片，黄绿色，形状及大小大致相同。**果：**果紫红色，单个分果瓣径4～5 mm，散生微凸起的油点，顶端有甚短的芒尖或无。**种子：**种子长3.5～4.5 mm。花期4—5月，果期8—9或10月。

【药材名】花椒（药用部位：果皮）。

【性味、归经及功用】辛，温。归脾、胃、肾经。温中止痛，杀虫止痒。用于脘腹冷痛、呕吐泄泻、虫积腹痛；外治湿疹、阴痒。

【用法用量】煎服，3～6 g。外用适量，煎汤熏洗。

【采收加工】秋季采收成熟果实，晒干，除去种子和杂质。

【植物速认】小乔木；枝有短刺，小枝上的刺基部宽而扁且为劲直的长三角形；小叶对生，卵形，椭圆形；花黄绿色；果成熟后紫红色，散生微凸起的油点。

1	2
3	4

1. 花椒
2. 叶、果
3. 枝
4. 花椒（药材）

苦木科 Simaroubaceae —— 臭椿属 *Ailanthus*

臭椿

Ailanthus altissima (Mill.) Swingle

【植物形态】落叶乔木，高可达20余米。**茎：**茎干上的刺常早落，枝有短刺，小枝上的刺基部宽而扁且为劲直的长三角形。**叶：**叶为奇数羽状复叶，有小叶13～27；小叶对生或近对生，纸质，卵状披针形，先端长渐尖，基部偏斜，截形或稍圆，两侧各具1或2个粗锯齿，齿背有腺体1个，叶面深绿色，背面灰绿色，揉碎后具臭味。**花：**圆锥花序长10～30 cm；花淡绿色；萼片5，覆瓦状排列；花瓣5，基部两侧被硬粗毛；雄蕊10，花丝基部密被硬粗毛，雄花中的花丝长于花瓣，雌花中的花丝短于花瓣，花药长圆形，长约1 mm；心皮5；花柱黏合，柱头5裂。**果：**翅果长椭圆形，长3～4.5 cm，宽1～1.2 cm。**种子：**种子位于翅的中间，扁圆形。花期4—5月，果期8—10月。

【药材名】椿皮（药用部位：根皮、干皮）。

【性味、归经及功用】苦、涩，寒。归大肠、胃、肝经。清热燥湿，收涩止带，止泻，止血。用于赤白带下、湿热泻痢、久泻久痢、便血、崩漏。

【用法用量】煎服，6～9 g。

【采收加工】全年均可剥取，晒干，或刮去粗皮晒干。

【植物速认】落叶乔木；叶为奇数羽状复叶，纸质，卵状披针形，揉碎后具臭味；花淡绿色；翅果长椭圆形。

1. 臭椿　2. 叶　3. 花　4. 果　5. 椿皮（药材）

楝科 Meliaceae —— 楝属 *Melia*

楝

Melia azedarach L.

【植物形态】落叶乔木，高可达10余米。**叶**：叶为2～3回奇数羽状复叶；小叶对生，卵形、椭圆形至披针形，顶生一片通常略大，先端短渐尖，基部楔形或宽楔形，多少偏斜，边缘有钝锯齿，幼时被星状毛，后两面均无毛，侧脉每边12～16条。**花**：圆锥花序约与叶等长，无毛或幼时被鳞片状短柔毛；花芳香；花萼5深裂，裂片卵形或长圆状卵形，先端急尖，外面被微柔毛；花瓣淡紫色，倒卵状匙形，两面均被微柔毛，通常外面较密。**果**：核果球形至椭圆形，长1～2 cm，宽8～15 mm，内果皮木质，4～5室，每室有种子1颗。**种子**：种子椭圆形。花期4—5月，果期10—12月。

【药材名】苦楝皮（药用部位：树皮、根皮）。

【性味、归经及功用】苦，寒；有毒。归肝、脾、胃经。杀虫，疗癣。用于蛔虫病、蛲虫病、虫积腹痛；外治疥癣瘙痒。

【用法用量】煎服，3～6 g。外用适量，研末，用猪脂调敷患处。

【采收加工】春、秋二季剥取，晒干，或除去粗皮，晒干。

【植物速认】落叶乔木；二回羽状复叶，小叶对生，卵形、椭圆形至披针形；圆锥花序，花瓣淡紫色；核果球形至椭圆形。

1. 花 2. 叶 3. 果 4. 苦楝皮（药材） 5. 苦楝子（药材）

1	2	3
	4	5

远志科 Polygalaceae —— 远志属 *Polygala*

西伯利亚远志

Polygala sibirica L.

【植物形态】多年生草本，高10～30 cm。**根**：根直立或斜生，木质。**茎**：茎丛生，通常直立，被短柔毛。**叶**：叶互生，叶片纸质至亚革质，披针形或椭圆状披针形，先端钝，具骨质短尖头，基部楔形，全缘，略反卷，绿色，两面被短柔毛，主脉上面凹陷，背面隆起，侧脉不明显，具短柄。**花**：总状花序腋外生或假顶生，通常高出茎顶，被短柔毛，具少数花，花钻状披针形，被短柔毛；萼片5，背面被短柔毛，具缘毛，外面3枚披针形，里面2枚花瓣状，近镰刀形，淡绿色，边缘色浅。**果**：蒴果近倒心形，顶端微缺，具狭翅及短缘毛。**种子**：种子长圆形，扁，长约1.5 mm，黑色，密被白色柔毛，具白色种阜。花期4—7月，果期5—8月。

【药材名】西伯利亚远志（药用部位：根）。

【性味、归经及功用】苦、辛，温。归心、肾、肺经。安神益智，交通心肾，祛痰，消肿。用于心肾不交引起的失眠多梦、健忘惊悸、神志恍惚、咳痰不爽、疮疡肿毒、乳房肿痛。

【用法用量】煎服，3～10 g。

【采收加工】春、秋二季采挖，除去须根及泥沙，晒干。

【植物速认】多年生草本；叶披针形或椭圆状披针形；总状花序，花蓝紫色，具流苏状附属物；蒴果近倒心形。

1. 西伯利亚远志
2. 花
3. 西伯利亚远志（药材）

远志科 Polygalaceae —— 远志属 *Polygala*

远志

Polygala tenuifolia Willd.

【植物形态】多年生草本，高15～50 cm。**根：**主根粗壮，韧皮部肉质，浅黄色，长达10余厘米。**茎：**茎多数丛生，直立或倾斜，具纵棱槽，被短柔毛。**叶：**单叶互生，叶片纸质，线形至线状披针形，先端渐尖，基部楔形，全缘，反卷，无毛或极疏被微柔毛，主脉上面凹陷，背面隆起，侧脉不明显，近无柄。**花：**总状花序呈扁侧状生于小枝顶端，细弱；花瓣3，紫色，侧瓣斜长圆形，基部与龙骨瓣合生，基部内侧具柔毛，龙骨瓣较侧瓣长，具流苏状附属物。**果：**蒴果圆形，径约4 mm，顶端微凹，具狭翅，无缘毛。**种子：**种子卵形，径约2 mm，黑色，密被白色柔毛，具发达、2裂下延的种阜。花期5—9月，果期5—9月。

【药材名】远志（药用部位：根）。

【性味、归经及功用】苦、辛，温。归心、肾、肺经。安神益智，交通心肾，祛痰，消肿。用于心肾不交引起的失眠多梦、健忘惊悸、神志恍惚、咳痰不爽、疮疡肿毒、乳房肿痛。

【用法用量】煎服，3～10 g。

【采收加工】春、秋二季采挖，除去须根及泥沙，晒干。

【植物速认】多年生草本；叶片纸质，线形至线状披针形；总状花序，花紫色，具流苏状附属物；蒴果圆形。

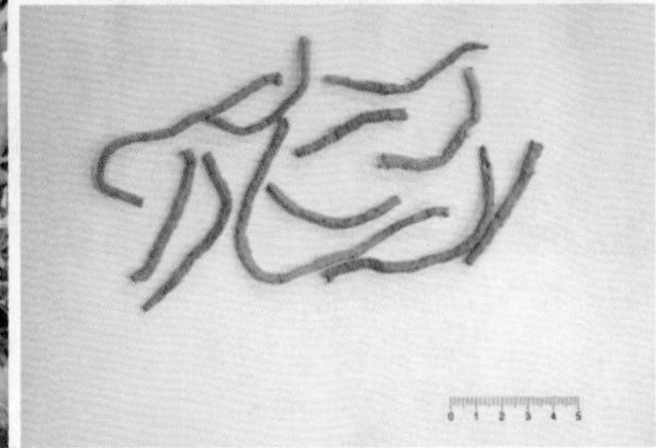

1. 远志
2. 花
3. 远志（药材）

漆树科 Anacardiaceae —— 黄栌属 *Cotinus*

黄栌

Cotinus coggygria Scop.

【植物形态】灌木，高3～5 m。**叶**：叶倒卵形或卵圆形，先端圆形或微凹，基部圆形或阔楔形，全缘，两面或尤其叶背显著被灰色柔毛。**花**：花瓣卵形或卵状披针形，无毛；花盘5裂，紫褐色；花柱3，分离，不等长。**果**：果肾形，无毛。花期5—6月，果期7—8月。

【药材名】黄栌（药用部位：茎、叶）。

【性味、归经及功用】苦，寒；无毒。归心、肝经。清热解毒，除烦热。用于治疗黄疸、酒精中毒。

【采收加工】全年可采，去净泥土，晒干。

【用法用量】煎服，3～9 g。外用，枝、叶煎水洗或叶捣烂敷患处。

【植物速认】灌木；叶卵圆，秋季变红；圆锥花序被柔毛；果肾形，无毛。

1. 黄栌　2. 叶　3. 花、果　4. 黄栌（药材）

漆树科 Anacardiaceae —— 盐麸木属 *Rhus*

火炬树
Rhus typhina

【植物形态】落叶小乔木,高12 m。**叶:** 奇数羽状复叶,长椭圆状至披针形,缘有锯齿,先端长渐尖,基部圆形或宽楔形,上面深绿色,下面苍白色,两面有茸毛,老时脱落;叶轴无翅。**花:** 圆锥花序顶生,密生茸毛;花淡绿色,雌花花柱有红色刺毛。**果:** 核果深红色,密生绒毛,花柱宿存,密集成火炬形。花期6—7月,果期8—9月。
【植物速认】小乔木;羽状复叶,缘有锯齿;花淡绿色;果穗鲜红色,形同火炬。

1. 火炬树　2. 果

无患子科 Sapindaceae —— 槭属 *Acer*

茶条枫

Acer tataricum subsp. *ginnala* (Maximowicz) Wesmael

【植物形态】落叶灌木或小乔木，高5～6 m。**根：** 主根粗壮，韧皮部肉质，浅黄色，长达10余厘米。**茎：** 树皮粗糙、微纵裂，灰色。**叶：** 叶纸质，基部圆形，截形或略近于心脏形，叶片长圆卵形或椭圆形；上面深绿色，无毛，下面淡绿色，近于无毛，主脉和侧脉均在下面较在上面为显著。**花：** 伞房花序，无毛，具多数的花，花杂性，雄花与两性花同株；萼片5，卵形，黄绿色，外侧近边缘被长柔毛，长1.5～2 mm；花瓣5，长圆卵形白色，较长于萼片。**果：** 小坚果，黄绿色或黄褐色。花期5月，果期10月。

【药材名】茶条槭（药用部位：叶、芽）。

【性味、归经及功用】苦，寒。归肝经。清热明目。用于肝热目赤、昏花。

【用法用量】适量，白开水冲饮。

【采收加工】夏、秋二季采收，晒干或低温烘干。

【植物速认】落叶灌木或小乔木；叶纸质，长圆卵形或椭圆形；伞房花序，花白色；翅果张开近于直立或成锐角。

1. 茶条枫 2. 叶、果 3. 茶条枫（药材）

无患子科 Sapindaceae —— 槭属 *Acer*

元宝槭

Acer truncatum Bunge

【植物形态】落叶乔木，高8～10 m。**茎:** 树皮灰褐色或深褐色，深纵裂。**芽:** 冬芽小，卵圆形；鳞片锐尖，外侧微被短柔毛。**叶:** 叶纸质，基部截形稀近于心脏形；裂片三角卵形或披针形，先端锐尖或尾状锐尖，边缘全缘。**花:** 花黄绿色，杂性，雄花与两性花同株，常成无毛的伞房花序。**果:** 翅果嫩时淡绿色，成熟时淡黄色或淡褐色，小坚果压扁状，翅长圆形，常与小坚果等长，稀稍长，张开成锐角或钝角。花期4月，果期8月。

【药材名】元宝槭(药用部位：根皮)。

【性味、归经及功用】辛、微苦，微温。归肝经。祛风除湿，舒筋活络。用于腰背疼痛。

【用法用量】煎服，15～30 g，或浸酒，9～15 g。

【采收加工】夏、秋二季采收，晒干或低温烘干。

【植物速认】落叶乔木；叶纸质，常5裂；花淡黄色或淡白色；翅果元宝状。

1. 元宝槭　2. 叶　3. 果

无患子科 Sapindaceae —— 栾树属 *Koelreuteria*

栾树
Koelreuteria paniculata Laxm.

【植物形态】落叶乔木或灌木。**茎:** 树皮厚,灰褐色至灰黑色,老时纵裂;皮孔小,灰至暗褐色。**叶:** 叶为羽状复叶,无柄或具极短的柄,对生或互生,纸质,卵形、阔卵形至卵状披针形,上面仅中脉上散生皱曲的短柔毛。**花:** 聚伞花序具花3～6朵,密集呈头状;苞片狭披针形,被小粗毛;花淡黄色;花瓣4,开花时橙红色。**果:** 蒴果圆锥形,具3棱;果瓣卵形,外面有网纹,内面平滑且略有光泽。**种子:** 近球形。花期6—8月,果期9—10月。
【药材名】栾华(药用部位:花)。
【性味、归经及功用】苦,寒。归肝经。清肝明目,行气止痛。用于目痛泪出、疝气痛、腰痛。
【用法用量】煎服,3～6 g。
【采收加工】6—7月采花,阴干或晒干。
【植物速认】落叶乔木或灌木;叶为羽状复叶,纸质,卵形;花淡黄色;果圆锥形。

1. 栾树　2. 花　3. 果

卫矛科 Celastraceae —— 卫矛属 *Euonymus*

白杜

Euonymus maackii Rupr

【植物形态】小乔木,高达6 m。**叶:** 叶卵状椭圆形、卵圆形或窄椭圆形,先端长渐尖,基部阔楔形或近圆形,边缘具细锯齿。**花:** 聚伞花序3至多花,花序梗略扁;花瓣4数,淡白绿色或黄绿色;雄蕊花药紫红色。**果:** 蒴果倒圆心状,4浅裂,成熟后果皮粉红色。**种子:** 种子长椭圆状,种皮棕黄色;假种皮橙红色,全包种子。花期5—6月,果期9月。

【药材名】丝绵木(药用部位:根)。

【性味、归经及功用】苦、辛,凉。归肝、脾、肾经。祛风除湿,活血通络,解毒止血。用于风湿性关节炎、腰痛、跌打伤肿、血栓闭塞性脉管炎、肺痈、衄血、疖疮肿毒。

【用法用量】煎服,15～30 g,或浸酒。外用,煎水熏洗。

【采收加工】全年均可采,洗净,切片,晒干。

【植物速认】小乔木;叶卵状椭圆形;花淡白绿色或黄绿色;蒴果倒圆心状,4浅裂,成熟后果皮粉红色。

1. 白杜 2. 花 3. 果

卫矛科 Celastraceae —— 卫矛属 *Euonymus*

冬青卫矛

Euonymus japonicus Thunb.

【植物形态】灌木，高可达3 m。**茎：**小枝四棱，具细微皱突。**叶：**叶革质，有光泽，倒卵形或椭圆形，先端圆阔或急尖，基部楔形，边缘具有浅细钝齿。**花：**聚伞花序5～12花，分枝及花序梗均扁壮；花白绿色；花瓣近卵圆形。**果：**蒴果近球状，淡红色。**种子：**椭圆形，假种皮橘红色，全包种子。花期6—7月，果期9—10月。

【药材名】大叶黄杨根（药用部位：根）。

【性味、归经及功用】苦、辛，温。归肝、肾经。活血调经，祛风湿。用于月经不调、痛经、风湿痹痛。

【采收加工】冬季采挖根部，洗去泥土，切片，晒干。

【用法用量】煎服，15～30 g。

【植物速认】灌木；叶革质，有光泽，倒卵形，边缘钝齿；聚伞花序，花白绿色；蒴果球状，淡红色；假种皮橘红色。

1 | 2

1. 冬青卫矛　2. 花

鼠李科 Rhamnaceae —— 鼠李属 *Rhamnus*

卵叶鼠李

Rhamnus bungeana J. Vass.

【植物形态】小灌木，高达2 m。**茎：**小枝对生或近对生，稀兼互生；枝端具紫红色针刺。**叶：**叶对生或近对生，稀兼互生，或在短枝上簇生，纸质，卵形、卵状披针形或卵状椭圆形，边缘具细圆齿，上面绿色，无毛，下面干时常变黄色。**花：**花小，黄绿色，单性，雌雄异株；萼片宽三角形，顶端尖，外面有短微毛；花瓣小。**果：**核果倒卵状球形或圆球形，成熟时黑色或黑紫色。**种子：**种子卵圆形，无光泽。花期4—5月，果期6—9月。

【植物速认】小灌木；叶对生，卵形；花小，簇生或单生于叶腋，黄绿色；核果倒卵状球形，黑紫色。

1. 卵叶鼠李　2. 果

鼠李科 Rhamnaceae —— 雀梅藤属 *Sagaretia*

少脉雀梅藤

Sageretia paucicostata Maxim.

【植物形态】直立灌木，或稀小乔木，高可达6 m。**茎：**小枝刺状，对生或近对生。**叶：**叶纸质，互生或近对生，椭圆形或倒卵状椭圆形，稀近圆形或卵状椭圆形，边缘具钩状细锯齿，上面无光泽，深绿色，下面黄绿色，无毛。**花：**花无梗或近无梗，黄绿色，无毛，单生或2～3个簇生，排成疏散穗状或穗状圆锥花序；花瓣匙形。**果：**核果倒卵状球形或圆球形，成熟时黑色或黑紫色。**种子：**种子扁平，两端微凹。花期5—9月，果期7—10月。

【药材名】雀梅藤(药用部位：根)。

【性味、归经及功用】甘、淡，平。归肺、脾、胃经。降气，化痰，祛风利湿。用于咳嗽、哮喘、胃痛、鹤膝风、水肿。

【用法用量】煎服，9～15 g，或浸酒。外用适量，捣敷。

【采收加工】秋后采根，洗净鲜用或切片晒干。

【植物速认】直立灌木；小枝刺状；叶纸质椭圆形，边缘具钩状细锯齿，深绿色；花无梗，黄绿色，花瓣匙形；核果倒卵状球形，黑紫色。

1. 少脉雀梅藤　2. 花

鼠李科 Rhamnaceae —— 枣属 *Ziziphus*

枣

Ziziphus jujuba Mill.

【植物形态】落叶小乔木，稀灌木，高达10 m。**茎：**树皮褐色或灰褐色。**叶：**叶纸质，卵状椭圆形，或卵状矩圆形，顶端钝或圆形，具小尖头，基部稍不对称，近圆形，边缘具圆齿状锯齿，基生三出脉。**花：**花黄绿色，5基数，无毛，具短总花梗，腋生聚伞花序；萼片卵状三角形；花瓣倒卵圆形。**果：**核果矩圆形或长卵圆形，核顶端锐尖，基部锐尖或钝。**种子：**种子扁椭圆形。花期5—7月，果期8—9月。

【药材名】大枣（药用部位：果实）；枣树皮（药用部位：树皮）；枣树叶（药用部位：叶）；枣树根（药用部位：根）。

【性味、归经及功用】大枣：甘，温。归脾、胃、心经。补中益气，养血安神。用于脾虚食少、乏力便溏、妇人脏躁。枣树皮：苦、涩，温。归肺、大肠经。涩肠止泻，镇咳止血。用于泄泻、痢疾、咳嗽、崩漏、外伤出血、烧烫伤。枣树叶：甘，温；微毒。归肺、脾经。清热解毒。用于小儿发热、疮疖、热痱。枣树根：甘，温。归肝、脾、肾经。调经止血，祛风止痛，补脾止泻。用于月经不调、不孕、崩漏。

【用法用量】大枣：煎服，6～15 g。枣树皮：煎服，6～9 g；研末，1.5～3 g。外用适量，煎水洗，或研末撒。枣树叶：煎服，3～10 g。外用适量，煎水洗。枣树根：煎服，10～30 g。外用适量，煎水洗。

【采收加工】大枣：秋季果实成熟时采收，晒干。枣树皮：全年皆可采收，春季最佳，用月牙形镰刀，从枣树主干上将老皮刮下，晒干。枣树叶：春、夏季采收，鲜用或晒干。枣树根：秋后采挖，鲜用或切片晒干。

【植物速认】小乔木；具2个托叶刺，长刺粗直，短刺下弯；叶纸质，卵状椭圆形；聚伞花序，花黄绿色；核果长卵圆形，成熟时红色。

1. 枣　2. 叶　3. 花　4. 茎　5. 大枣（药材）　6. 枣树叶（药材）　7. 枣树皮（药材）

1	2	4	6
	3	5	7

鼠李科 Rhamnaceae —— 枣属 *Ziziphus*

酸枣

Ziziphus jujuba var. *spinosa* (Bunge) Hu ex H. F. Chow.

【植物形态】落叶灌木或小乔木,高1～4 m。**茎:** 小枝呈"之"字形弯曲,褐色,托叶刺有2种,一种直伸,另一种常弯曲。**叶:** 叶互生,叶片椭圆形至卵状披针形,边缘有细锯齿。**花:** 花黄绿色,2～3朵簇生于叶腋。**果:** 核果小,近球形或短矩圆形,熟时红褐色;具薄的中果皮,味酸,核两端钝。花期6—7月,果期8—9月。

【药材名】酸枣仁(药用部位:种子)。

【性味、归经及功用】甘、酸,平。归肝、胆、心经。养心补肝,宁心安神,敛汗,生津。用于虚烦不眠、惊悸多梦、体虚多汗、津伤口渴。

【用法用量】煎服,10～15 g。

【采收加工】秋末冬初采收成熟果实,除去果肉和核壳,收集种子,晒干。

【植物速认】灌木;具2个托叶刺,长刺粗直,短刺下弯;叶较小;核果小,近球形或短矩圆形,味酸。

1. 酸枣　2. 叶、花　3. 果　4. 酸枣仁(药材)

葡萄科 Vitaceae —— 蛇葡萄属 *Ampelopsis*

乌头叶蛇葡萄

Ampelopsis aconitifolia Bge.

【植物形态】木质藤本。**茎:** 小枝圆柱形，有纵棱纹，被疏柔毛。**叶:** 叶为掌状5小叶，小叶3～5羽裂，披针形或菱状披针形，上面绿色无毛或疏生短柔毛，下面浅绿色，无毛或脉上被疏柔毛；小叶有侧脉3～6对，小叶几无柄；托叶膜质，褐色，卵披针形，无毛或被疏柔毛。**花:** 花序为疏散的伞房状复二歧聚伞花序，通常与叶对生或假顶生；花蕾卵圆形；萼碟形，波状浅裂或几全缘，无毛；花瓣5，卵圆形，无毛。**果:** 果实球形，有种子2～3颗。**种子:** 种子倒卵圆形，顶端圆形，基部有短喙。花期5—6月，果期8—9月。

【药材名】过山龙（药用部位：根）。

【性味、归经及功用】辛，热。归心、肾经。活血散瘀，消炎解毒，生肌长骨，除风祛湿。用于跌打损伤、骨折、疮疖肿痛、风湿性关节炎。

【用法用量】煎服，10～15 g，或研末。外用，捣敷。

【采收加工】全年可采，剥去表层栓皮，鲜用或干用。

【植物速认】木质藤本；叶为掌状5小叶，3～5羽裂；伞房状复二歧聚伞花序；果实近球形。

1. 乌头叶蛇葡萄　2. 果　3. 花

葡萄科 Vitaceae —— 地锦属 *Parthenocissus*

五叶地锦

Parthenocissus quinquefolia (L.) Planch.

【植物形态】木质藤本。**根:** 根系深扎,细根多。**茎:** 老枝灰褐色,幼枝带紫红色。**叶:** 叶为掌状5小叶,小叶倒卵圆形、倒卵椭圆形或外侧小叶椭圆形,边缘有粗锯齿,上面绿色,下面浅绿色,两面均无毛或下面脉上微被疏柔毛。**花:** 花序假顶生形成主轴明显的圆锥状多歧聚伞花序;花梗无毛;花蕾椭圆形,顶端圆形;萼碟形,边缘全缘,无毛;花瓣5,长椭圆形。**果:** 果实球形,有种子1～4颗。**种子:** 种子倒卵形,顶端圆形,基部急尖成短喙。花期6—7月,果期8—10月。

【药材名】五叶地锦(药用部位:藤茎、根)。

【性味、归经及功用】甘、涩,温。归肝、脾经。祛风止痛,活血通络。用于破血、活筋止血、消肿毒。

【用法用量】煎服,15～30 g,或浸酒。外用适量,煎水洗,或磨汁涂,或捣烂敷。

【采收加工】藤茎部于秋季采收,去掉叶片,切段。根部于冬季挖取,洗净,切片,晒干或鲜用。

【植物速认】木质藤本;叶为掌状5小叶;果实球形。

1. 五叶地锦 2. 叶 3. 果 4. 五叶地锦(药材)

锦葵科 Malvaceae —— 苘麻属 *Abutilon*

苘麻

Abutilon theophrasti Medicus

【植物形态】一年生亚灌木状草本，高达1～2 m。**茎：**茎枝被柔毛。**叶：**叶互生，圆心形，先端长渐尖，基部心形，边缘具细圆锯齿，两面均密被星状柔毛；叶柄被星状细柔毛；托叶早落。**花：**花单生于叶腋；花梗被柔毛，近顶端具节；花萼杯状，密被短绒毛，裂片5，卵形；花黄色；花瓣倒卵形。**果：**蒴果半球形，被粗毛，顶端具长芒2。**种子：**种子肾形，褐色，被星状柔毛。花期7—8月。

【药材名】苘麻子（药用部位：种子）。

【性味、归经及功用】苦，平。归大肠、小肠、膀胱经。清热解毒，利湿，退翳。用于赤白痢疾、淋证涩痛、痈肿疮毒、目生翳膜。

【用法用量】煎服，3～9 g。

【采收加工】秋季采收成熟果实，晒干，打下种子，除去杂质。

【植物速认】一年生亚灌木状草本；叶互生，圆心形；花黄色；蒴果半球形。

1. 苘麻　2. 花　3、4. 果　5. 苘麻子（药材）

锦葵科 Malvaceae —— 蜀葵属 *Alcea*

蜀葵

Alcea rosea Linnaeus

【植物形态】二年生直立草本，高达2 m。**茎：**茎枝密被刺毛。**叶：**叶近圆心形，掌状5～7浅裂或波状棱角，裂片三角形或圆形，上面疏被星状柔毛，粗糙，下面被星状长硬毛或绒毛；叶柄被星状长硬毛；托叶卵形。**花：**花腋生，单生或近簇生，排列成总状花序式，具叶状苞片；小苞片杯状，裂片卵状披针形，密被星状粗硬毛；花大，有红、紫、白、粉红、黄和黑紫等色，单瓣或重瓣，花瓣倒卵状三角形。**果：**果盘状，被短柔毛，分果爿近圆形，多数，背部厚达1 mm，具纵槽。花期2—8月。

【药材名】蜀葵花（药用部位：花）；蜀葵根（药用部位：根）；蜀葵子（药用部位：种子）。

【性味、归经及功用】蜀葵花：甘、咸，凉。归肝、大肠、小肠经。和血止血，解毒散结。用于吐血、衄血、月经过多、赤白带下、二便不通、小儿风疹、疟疾、痈疽疖肿、蜂蝎螫伤、烫伤、火伤。蜀葵根：甘、咸，微寒。归心、肺、大肠、膀胱经。清热利湿，凉血止血，解毒排脓。用于淋证、带下、痢疾、吐血、血崩、外伤出血、疮疡肿毒、烫伤烧伤。蜀葵子：甘，寒。归肾、膀胱、大肠经。利尿通淋，解毒排脓，润肠。用于水肿、淋证、带下、乳汁不通、疮疥、无名肿毒。

【用法用量】蜀葵花：煎服，3～9 g，或研末，1～3 g。外用适量，研末调敷，或鲜品捣敷。蜀葵根：煎服，9～15 g。外用适量，捣敷。蜀葵子：煎服，3～9 g，或研末。外用适量，研末调敷。

【采收加工】蜀葵花：夏、秋季采收，晒干。蜀葵根：冬季挖取，刮去栓皮，洗净，切片，晒干。蜀葵子：秋季果实成熟后摘取，晒干，打下种子，筛去杂质，再晒干。

【植物速认】二年生草本；叶近圆心形，掌状5～7浅裂；花大，有红、紫、白、粉红、黄和黑紫等色；果盘状。

1	4	7
2	5	8
3	6	9

1. 蜀葵
2～5. 花
6. 果
7. 蜀葵根（药材）
8. 蜀葵花（药材）
9. 蜀葵子（药材）

锦葵科 Malvaceae —— 扁担杆属 *Grewia*

小花扁担杆

Grewia biloba var. *parviflora* (Bunge) Hand.-Mazz.

【植物形态】灌木或小乔木,高1～3 m。**茎:** 茎枝被柔毛。**叶:** 叶菱状卵形或菱形,先端渐尖或急尖,基部圆或楔形,边缘密生不整齐的小牙齿,下面密被黄褐色软茸毛。**花:** 聚伞花序与叶对生;花淡黄色;萼片5,狭披针形;花瓣5,形小;雄蕊多数。**果:** 核果红色。花期5月,果期10月。

【药材名】吉利子树(药用部位:茎、叶)。

【性味、归经及功用】甘、苦,温。归肝经。健脾益气,祛风除湿。用于小儿疳积、脘腹胀满、脱肛、妇女崩漏、带下、风湿痹痛。

【用法用量】煎服,9～15 g,或浸酒。

【采收加工】春、夏采收,晒干。

【植物速认】灌木或小乔木;叶菱状卵形或菱形,下面密被黄褐色软茸毛花淡黄色;核果红色,有2～4颗分核。

1. 小花扁担杆　2. 叶　3. 花　4. 吉利子树(药材)

锦葵科 Malvaceae —— 木槿属 *Hibiscus*

木槿

Hibiscus syriacus L.

【植物形态】落叶灌木，高3～4 m。**茎：**小枝密被黄色星状绒毛。**叶：**叶菱形至三角状卵形，具深浅不同的3裂或不裂，边缘具不整齐齿缺，下面沿叶脉微被毛或近无毛。**花：**花单生于枝端叶腋间，钟形，淡紫色；花瓣倒卵形，外面疏被纤毛和星状长柔毛。**果：**蒴果卵圆形，密被黄色星状绒毛。**种子：**种子肾形，背部被黄白色长柔毛。花期7—10月。

【药材名】木槿花（药用部位：花）；木槿皮（药用部位：树皮）；木槿子（药用部位：果实）。

【性味、归经及功用】木槿花：甘、淡，凉。归脾、肺经。清湿热，凉血。用于痢疾、腹泻、痔疮出血、白带；外治疖肿。木槿皮：甘、苦，凉。归大肠、肝、脾经。清热，利湿，解毒，止痒。用于肠风泻血、痢疾、脱肛、白带、疥癣、痔疮。木槿子：甘，平。归肺、心、肝经。清肺化痰。用于肺风痰喘、咳嗽、音瘖；外用治偏、正头痛。

【用法用量】木槿花：煎服，3～9 g。外用鲜品适量，捣烂敷患处。木槿皮：煎服，3～9 g。外用适量。木槿子：煎服，10～15 g。外用适量，煎汤洗或研末调敷。

【采收加工】木槿花：夏季花初开放时采摘，晒干。木槿皮：春、夏二季剥取，晒干。木槿子：秋季果实近成熟时采收，阴干。

【植物速认】灌木；叶菱形至三角状卵形，具深浅不同的3裂或不裂；花钟形，淡紫色。

1. 木槿　2. 花　3. 木槿子（药材）　4. 木槿花（药材）　5. 木槿皮（药材）

堇菜科 Violaceae —— 堇菜属 *Viola*

早开堇菜

Viola prionantha Bunge

【植物形态】多年生草本，无地上茎，花期高3～10 cm，果期高可达20 cm。**根**：根数条，带灰白色，粗而长，通常皆由根状茎的下端发出，向下直伸，或有时近横生。**茎**：根状茎垂直，短而较粗壮，上端常有去年残叶围绕。**叶**：叶多数，均基生；叶片在花期呈长圆状卵形、卵状披针形或狭卵形，边缘密生细圆齿，两面无毛，或被细毛；果期叶片显著增大，三角状卵形；托叶苍白色或淡绿色，边缘疏生细齿。**花**：花大，紫堇色或淡紫色，喉部色淡并有紫色条纹，无香味，上方花瓣倒卵形，向上方反曲，侧方花瓣长圆状倒卵形，里面基部通常有须毛或近于无毛。**果**：蒴果长椭圆形，无毛。**种子**：种子卵球形，淡黄色。花果期4月中下旬至9月。

【药材名】紫花地丁(药用部位：全草)。

【性味、归经及功用】苦、辛，寒。归心、肝经。清热解毒，除脓消炎。用于疔疮肿毒、痈疽发背、丹毒、毒蛇咬伤。

【用法用量】煎服，15～30 g。

【采收加工】春、秋二季采收，除去杂质，晒干。

【植物速认】多年生草本；叶多数，均基生，三角状卵形或狭卵形；花大，紫堇色或淡紫色；蒴果长椭圆形。

1. 早开堇菜　2. 叶　3. 果

堇菜科 Violaceae —— 堇菜属 *Viola*

紫花地丁

Viola philippica Cav.

【植物形态】多年生草本，无地上茎，高4～14 cm，果期高可达20 cm。**茎：**根状茎短，垂直，淡褐色，节密生，有数条淡褐色或近白色的细根。**叶：**叶多数，基生，莲座状；叶片下部者通常较小，呈三角状卵形或狭卵形，上部者较长，呈长圆形、狭卵状披针形或长圆状卵形，边缘具较平的圆齿，两面无毛或被细短毛。**花：**花中等大，紫堇色或淡紫色，稀呈白色，喉部色较淡并带有紫色条纹；花梗较粗壮，具棱；萼片披针形或卵状披针形，具白色狭膜质边缘；上方花瓣倒卵形，向上方反曲，侧方花瓣长圆状倒卵形，里面基部通常有须毛或近于无毛。**果：**蒴果长椭圆形，无毛，顶端钝常具宿存的花柱。**种子：**种子多数，卵球形，深褐色常有棕色斑点。花果期4月中下旬至9月。

【药材名】紫花地丁（药用部位：全草）。

【性味、归经及功用】苦、辛，寒。归心、肝经。清热解毒，凉血消肿。用于疔疮肿毒、痈疽发背、丹毒、毒蛇咬伤。

【用法用量】煎服，15～30 g。

【采收加工】春、秋二季采收，除去杂质，晒干。

【植物速认】多年生草本；叶多数，基生莲座状，长圆状卵形；花常紫堇色或淡紫色，距细；蒴果长圆形。

1	2
3	4

1. 紫花地丁
2. 花
3. 叶
4. 紫花地丁（药材）

柽柳科 Tamaricaceae —— 柽柳属 *Tamarix*

甘蒙柽柳

Tamarix austromongolica Nakai

【植物形态】灌木或乔木,高1.5～4(～6)m。**茎:** 树干和老枝栗红色,枝直立;幼枝及嫩枝质硬直伸而不下垂。**叶:** 叶灰蓝绿色,木质化生长枝上基部的叶阔卵形,急尖,上部的叶卵状披针形,急尖;绿色嫩枝上的叶长圆形或长圆状披针形,渐尖,基部亦向外鼓胀。**花:** 春和夏、秋均开花;春季开花,总状花序自去年生的木质化的枝上发出,侧生,花序轴质硬而直伸,着花较密,有短总花梗或无梗。夏、秋季开花,总状花序较春季的狭细,组成顶生大型圆锥花序;花瓣5,倒卵状长圆形,淡紫红色,顶端向外反折,花后宿存。**果:** 蒴果长圆锥形。花期5—9月。

【植物速认】灌木或乔木;枝直立;叶阔卵形,互生,鳞片状;总状花序,花淡紫红色。

1. 甘蒙柽柳　2. 花　3. 叶

葫芦科 Cucurbitaceae —— 栝楼属 *Trichosanthes*

栝楼

Trichosanthes kirilowii Maxim.

【植物形态】攀缘藤本，长达10 m。**根：** 块根圆柱状，粗大肥厚，淡黄褐色。**茎：** 茎较粗，多分枝，具纵棱及槽，被白色伸展柔毛。**叶：** 叶片纸质，轮廓近圆形，叶基心形，弯缺深2～4 cm，基出掌状脉5条，细脉网状；叶柄具纵条纹，被长柔毛，卷须3～7歧，被柔毛。**花：** 花雌雄异株，雄总状花序单生；花萼筒筒状；花冠白色，两侧具丝状流苏，被柔毛；雌花单生；花萼筒圆筒形；花冠白色。**果：** 果实椭圆形或圆形，成熟时黄褐色或橙黄色。**种子：** 种子卵状椭圆形，压扁，淡黄褐色，近边缘处具棱线。花期5—8月，果期8—10月。

【药材名】瓜蒌子（药用部位：种子）；瓜蒌皮（药用部位：果皮）；天花粉（药用部位：根）。

【性味、归经及功用】瓜蒌子：甘，寒。归肺、胃、大肠经。润肺化痰，滑肠通便。用于燥咳痰黏、肠燥便秘。瓜蒌皮：甘，寒。归肺、胃经。清热化痰，利气宽胸。用于痰热咳嗽、胸闷胁痛。天花粉：甘、微苦，微寒。归肺、胃经。清热泻火，生津止渴，消肿排脓。用于热病烦渴、肺热燥咳、内热消渴、疮疡肿毒。

【用法用量】瓜蒌子：煎服，9～15 g。瓜蒌皮：煎服，6～10 g。天花粉：煎服，10～15 g。

【采收加工】瓜蒌子：秋季采摘成熟果实，剖开，取出种子，洗净，晒干。瓜蒌皮：秋季采摘成熟果实，剖开，除去果瓤及种子，阴干。天花粉：春、秋季均可采挖，以秋季采者为佳，洗净，除去外皮，切段或纵剖成瓣，干燥。

【植物速认】攀缘藤本；叶轮廓近圆形；花冠白色，两侧具丝状流苏；果实椭圆形或圆形。

1. 栝楼　2. 果　3. 瓜蒌子（药材）　4. 瓜蒌皮（药材）　5. 天花粉（药材）

千屈菜科 Lythraceae —— 紫薇属 *Lagerstroemia*

紫薇

Lagerstroemia indica L.

【植物形态】落叶灌木或小乔木,高可达7 m。**茎:** 树皮平滑,灰色或灰褐色。**叶:** 叶互生或有时对生,纸质,椭圆形、阔矩圆形或倒卵形,顶端短尖或钝形,有时微凹,基部阔楔形或近圆形;无柄或叶柄很短。**花:** 花淡红色或紫色、白色,顶生圆锥花序;花瓣6,皱缩,具长爪。**果:** 蒴果椭圆状球形或阔椭圆形,幼时绿色至黄色,成熟时或干燥时呈紫黑色,室背开裂。**种子:** 种子有翅。花期6—9月,果期9—12月。

【药材名】紫薇花(药用部位:花);紫薇根(药用部位:根);紫薇皮(药用部位:皮)。

【性味、归经及功用】紫薇花:苦、微酸,寒。归肝经。清热解毒,活血止血。用于疮疖痈疽、疥癣、血崩、肺痨咳血。紫薇根:微苦,微寒。归肝、大肠经。清热利湿,活血止血,止痛。用于痢疾、烧烫伤、跌打损伤、血崩、偏头痛。紫薇皮:苦,寒。归肝、胃经。清热解毒,利湿祛风,散瘀止血。用于咽喉肿痛、肝炎、鹤膝风、跌打损伤、内外伤出血。

【用法用量】紫薇花:煎服,10～15 g,或研末。外用适量,研末调敷,或煎水洗。紫薇根:煎服,10～15 g。外用适量,研末调敷,或煎水洗。紫薇皮:煎服,10～15 g,或浸酒,或研末。外用适量,研末调敷,或煎水洗。

【采收加工】紫薇花:5—8月采花,晒干。紫薇根:全年均可采挖,洗净,切片,晒干,或鲜用。紫薇皮:5—6月剥取茎皮,洗净,切片,晒干。

【植物速认】落叶灌木或小乔木;树皮光滑;叶纸质,椭圆形;花淡红色或紫色、白色,顶生圆锥花序;蒴果椭圆状球形或阔椭圆形,紫黑色。

1. 紫薇　2. 叶　3. 花　4. 紫薇花(药材)

千屈菜科 Lythraceae —— 千屈菜属 *Lythrum*

千屈菜

Lythrum salicaria L.

【植物形态】多年生草本。**根:** 根茎横卧于地下，粗壮。**茎:** 茎直立，多分枝，全株青绿色，略被粗毛或密被绒毛，枝通常具4棱。**叶:** 叶对生或三叶轮生，披针形或阔披针形，顶端钝形或短尖，基部圆形或心形，有时略抱茎，全缘，无柄。**花:** 花组成小聚伞花序，簇生，花枝全形似一大型穗状花序；花瓣6，红紫色或淡紫色，倒披针状长椭圆形，基部楔形，着生于萼筒上部，有短爪，稍皱缩。**果:** 蒴果扁圆形，无毛。花期7—8月，果期8—9月。

【药材名】千屈菜(药用部位：全草)。

【性味、归经及功用】苦，寒。归大肠、肝经。清热解毒，收敛止血。用于痢疾、泄泻、便血、血崩、疮疡溃烂、吐血、衄血、外伤出血。

【用法用量】煎服，10～30 g。外用适量，研末敷，或捣敷，或煎水洗。

【采收加工】秋季采收全草，洗净，切碎，鲜用或晒干。

【植物速认】多年生草本；叶对生或三叶轮生；聚伞花序，簇生，形似穗状花序，红紫色或淡紫色；蒴果扁圆形；在河岸、湖畔、溪沟边和潮湿草地容易见到。

1	2
3	4

1、3. 千屈菜
2. 花
4. 千屈菜(药材)

千屈菜科 Lythraceae —— 石榴属 *Punica*

石榴

Punica granatum L.

【植物形态】落叶灌木或乔木，高通常3～5 m，稀达10 m。**茎：**枝顶常成尖锐长刺，幼枝具棱角，无毛，老枝近圆柱形。**叶：**叶通常对生，纸质，矩圆状披针形，顶端短尖、钝尖或微凹，基部短尖至稍钝形，上面光亮，侧脉稍细密；叶柄短。**花：**花大；萼筒通常红色或淡黄色，裂片略外展，卵状三角形，外面近顶端有1黄绿色腺体，边缘有小乳突；花瓣通常大，红色、黄色或白色，顶端圆形。**果：**浆果近球形，通常为淡黄褐色或淡黄绿色，有时白色，稀暗紫色。**种子：**种子多数，钝角形，红色至乳白色，肉质的外种皮供食用。花期5—6月，果期9—10月。

【药材名】石榴皮（药用部位：果皮）；石榴叶（药用部位：叶）；石榴花（药用部位：花）。

【性味、归经及功用】石榴皮：酸、涩，温。归大肠经。涩肠止泻，止血，驱虫。用于久泻、久痢、便血、脱肛、崩漏、带下、虫积腹痛。石榴叶：酸、涩，温。归心、大肠经。收敛止泻，解毒杀虫，活血化瘀。用于泄泻、痘风疮、癞疮、跌打损伤、高血脂、高胆固醇症。石榴花：酸、涩，平。归肺经。收敛止泻，止汗止血。用于腹泻日久；外用治疗出血不止、口舌生疮、脱肛痔疮、口臭牙痛、皮肤瘙痒。

【用法用量】石榴皮：煎服，3～9 g。石榴叶：煎服，10～30 g。石榴花：煎服，1～6 g。

【采收加工】石榴皮：秋季果实成熟后收集果皮，晒干。石榴叶：春季或秋季采收，及时晒干。石榴花：花后期，收集自然脱落的花瓣，晾干。

【植物速认】落叶灌木或乔木；枝顶常成尖锐长刺；叶纸质，矩圆状披针形；花瓣通常大，红色、黄色或白色；浆果近球形，通常为淡黄褐色或淡黄绿色；种子多数，钝角形，红色至乳白色，可食。

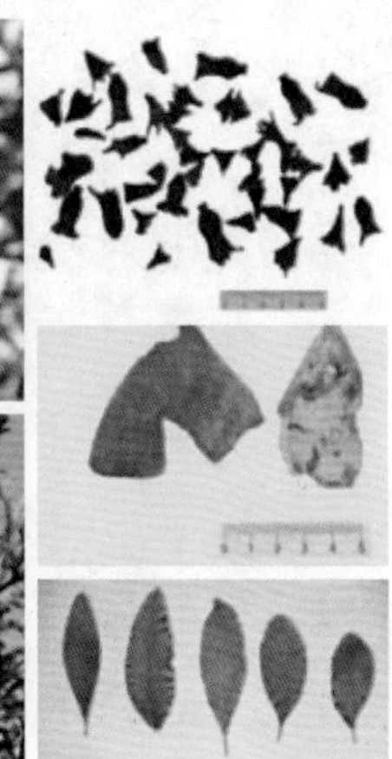

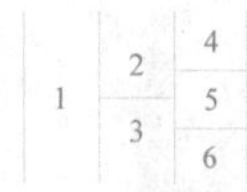

1. 石榴
2. 花
3. 果
4. 石榴花（药材）
5. 石榴皮（药材）
6. 石榴叶（药材）

柳叶菜科 Onagraceae —— 月见草属 *Oenothera*

月见草

Oenothera biennis L.

【植物形态】直立二年生粗壮草本。**茎:** 茎高50～200 cm,不分枝或分枝,被曲柔毛与伸展长毛,在茎枝上端常混生有腺毛。**叶:** 基生叶倒披针形,边缘疏生不整齐的浅钝齿,茎生叶椭圆形至倒披针形,边缘每边有稀疏钝齿,每边两面被曲柔毛与长毛,尤茎上部的叶下面与叶缘常混生有腺毛。**花:** 花序穗状,不分枝,或在主序下面具次级侧生花序;苞片叶状,长大后椭圆状披针形,自下向上由大变小,近无柄;花蕾锥状长圆形;花瓣黄色,稀淡黄色,宽倒卵形,先端微凹缺。**果:** 蒴果锥状圆柱形,向上变狭,直立;绿色。**种子:** 种子在果中呈水平状排列,暗褐色,棱形。花期6—8月,果期8—9月。

【药材名】月见草(药用部位: 根)。

【性味、归经及功用】甘、苦,温。归肝、脾、心经。祛风湿,强筋骨。用于风寒湿痹、筋骨酸软。

【用法用量】煎服,5～15 g。

【采收加工】秋季将根挖出,除去泥土,晒干。

【植物速认】二年生粗壮草本;叶纸质,矩圆状披针形;花序穗状,不分枝,花瓣黄色宽倒卵形;蒴果锥状圆柱。

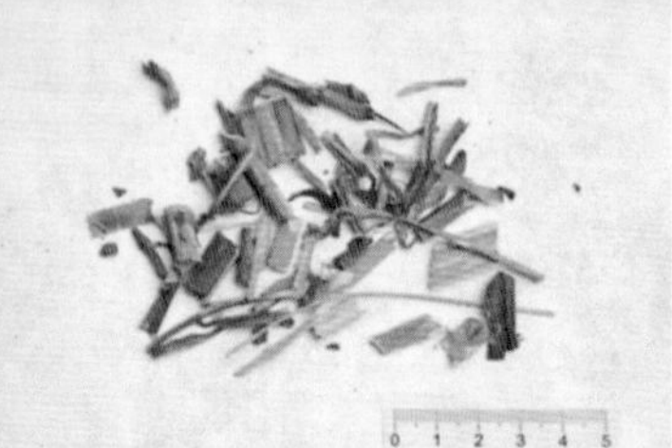

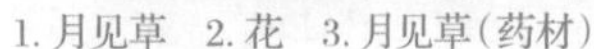

1. 月见草　2. 花　3. 月见草(药材)

山茱萸科 Cornaceae —— 山茱萸属 *Cornus*

山茱萸

Cornus officinalis Sieb. et Zucc.

【植物形态】落叶乔木或灌木，高4～10 m。**茎：**树皮灰褐色。**叶：**叶对生，纸质，卵状披针形或卵状椭圆形，全缘，上面绿色，无毛，下面浅绿色，稀被白色贴生短柔毛；叶柄细圆柱形，上面有浅沟，下面圆形，稍被贴生疏柔毛。**花：**伞形花序生于枝侧，有总苞片4，卵形，厚纸质至革质，带紫色，两侧略被短柔毛；总花梗粗壮，微被灰色短柔毛；花小，先叶开放；花瓣4，舌状披针形，黄色，向外反卷。**果：**核果长椭圆形，红色至紫红色。**种子：**核骨质，狭椭圆形，有几条不整齐的肋纹。花期3—4月，果期9—10月。

【药材名】山茱萸（药用部位：果实）。

【性味、归经及功用】酸、涩，微温。归肝、肾经。补益肝肾，收涩固脱。用于眩晕耳鸣、腰膝酸痛、阳痿遗精、遗尿尿频、崩漏带下、大汗虚脱、内热消渴。

【用法用量】煎服，6～12 g。

【采收加工】秋末冬初果皮变红时采收果实，用文火烘或置沸水中略烫后，及时除去果核，干燥。

【植物速认】落叶乔木或灌木；叶纸质，对生，卵状椭圆形，全缘；伞形花序，花瓣黄色，向外反卷；核果长椭圆形，红色至紫红色。

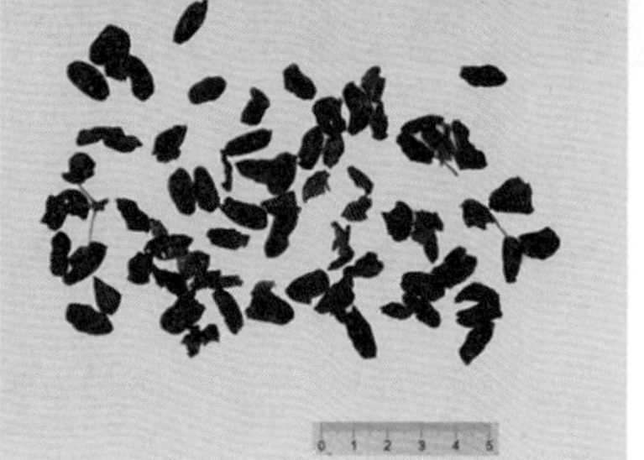

1. 山茱萸　2. 叶、果　3. 山茱萸（药材）

伞形科 Apiaceae —— 芫荽属 *Coriandrum*

芫荽

Coriandrum sativum L.

【植物形态】一年生或二年生,有强烈气味的草本,高20～100 cm。**根:** 根纺锤形,细长,有多数纤细的支根。**茎:** 茎圆柱形,直立,多分枝,有条纹,通常光滑。**叶:** 根生叶有柄;叶片1或2回羽状全裂,羽片广卵形或扇形半裂,边缘有钝锯齿、缺刻或深裂,顶端钝,全缘。**花:** 伞形花序顶生或与叶对生;小总苞片2～5,线形,全缘;小伞形花序有孕花3～9;花白色或带淡紫色;萼齿通常大小不等,小的卵状三角形,大的长卵形;花瓣倒卵形,顶端有内凹的小舌片,通常全缘。**果:** 果实圆球形,背面主棱及相邻的次棱明显。花果期4—11月。

【药材名】芫荽(药用部位:全草)。

【性味、归经及功用】辛,温。归肺、胃经。发表透疹,健胃。用于麻疹不透、感冒无汗。

【用法用量】煎服,10～15 g。外用适量。本品可入汁液、泡液、汤剂、糖浆剂、散剂、敷剂、漱口剂、滴剂等。

【采收加工】鲜用或洗净,晒干,切碎用。

【植物速认】一年生或二年生草本;有强烈气味;叶片羽状全裂;伞形花序,花白色或带淡紫色;果实圆球形,俗称"香菜"。

1	2
3	4

1. 芫荽
2. 花
3. 果
4. 芫荽(药材)

报春花科 Primulaceae —— 点地梅属 *Androsace*

点地梅

Androsace umbellata (Lour.) Merr.

【植物形态】一年生或二年生草本。**根：**主根不明显，具多数须根。**叶：**叶全部基生，叶片近圆形或卵圆形，先端钝圆，基部浅心形至近圆形，边缘具三角状钝牙齿，两面均被贴伏的短柔毛；叶柄被开展的柔毛。**花：**花葶通常数枚自叶丛中抽出，被白色短柔毛，伞形花序；苞片卵形至披针形；花梗纤细，被柔毛并杂生短柄腺体；花冠白色，喉部黄色，裂片倒卵状长圆形。**果：**蒴果近球形，果皮白色，近膜质。花期2—4月，果期5—6月。

【药材名】喉咙草（药用部位：全草）。

【性味、归经及功用】苦、辛，寒。归肺、肝、脾经。清热解毒，消肿止痛。用于咽喉炎、小儿肺炎、赤眼、偏正头痛、疔疮肿毒。

【用法用量】煎服，9～15 g，鲜品50 g，捣敷患处。

【采收加工】春末夏初采收全草，除去杂质，晒干或鲜用。

【植物速认】一年生或二年生草本；叶全部基生，叶片近圆形或卵圆形，边缘具三角状钝牙齿；伞形花序，花冠白色。

1. 点地梅
2. 花
3. 喉咙草（药材）

报春花科 Primulaceae —— 珍珠菜属 *Lysimachia*

狭叶珍珠菜

Lysimachia pentapetala Bunge

【植物形态】一年生草本，全体无毛。**茎：**茎直立，圆柱形，多分枝，密被褐色无柄腺体。**叶：**叶互生，狭披针形至线形，先端锐尖，基部楔形，上面绿色，下面粉绿色，有褐色腺点；叶柄短。**花：**总状花序顶生，初时因花密集而成圆头状，后渐伸长；苞片钻形；花冠白色，裂片匙形或倒披针形，先端圆钝。**果：**蒴果球形。花期7—8月，果期8—9月。

【药材名】狭叶珍珠菜（药用部位：全草）。

【性味、归经及功用】苦、辛，平。归肝、脾经。清热利湿，活血散瘀，解毒消痈。用于水肿、热淋、黄疸、痢疾、风湿热痹、带下、经闭、跌打骨折、外伤出血、乳痈、疔疮、蛇咬伤。

【用法用量】煎服，15～30 g，或泡酒，或鲜品捣汁。外用适量，煎水洗，或鲜品捣敷。

【采收加工】秋季采收，鲜用或晒干。

【植物速认】一年生草本；叶狭披针形至线形，互生；总状花序，花白色。

1. 狭叶珍珠菜　2. 花　3. 叶　4. 狭叶珍珠菜（药材）

柿科 Ebenaceae —— 柿属 *Diospyros*

君迁子

Diospyros lotus L.

【植物形态】落叶乔木，高可达30 m，胸高直径可达1.3 m。**茎：**树皮灰黑色或灰褐色，深裂或不规则的厚块状剥落。**芽：**冬芽狭卵形，带棕色，先端急尖。**叶：**近膜质，椭圆形至长椭圆形，长5～13 cm，宽2.5～6 cm，上面深绿色，有光泽，初时有柔毛，但后渐脱落，下面绿色或粉绿色，有柔毛。**花：**花1～3朵腋生，簇生，近无梗，长约6 mm；雌花单生，几无梗，淡绿色或带红色。**果：**果近球形或椭圆形，直径1～2 cm，初熟时为淡黄色，后则变为蓝黑色，常被有白色薄蜡层。**种子：**长圆形，长约1 cm，宽约6 mm，褐色，侧扁，背面较厚。花期5—6月，果期10—11月。

【药材名】君迁子（药用部位：果实）。

【性味、归经及功用】甘、涩，凉；无毒。归心、肺、胃经。消渴，祛烦热，镇心。用于烦热、消渴。

【用法用量】煎服，15～30 g。

【采收加工】10—11月果实成熟时采收，晒干或鲜用。

【植物速认】落叶乔木；叶椭圆形至长椭圆形；果实近球形或椭圆形，初熟时为淡黄色，后则变为蓝黑色，常被有白色薄蜡层。

1. 君迁子　2、3. 果　4. 花　5. 君迁子（药材）

1	2	3
	4	5

柿科 Ebenaceae —— 柿属 *Diospyros*

柿

Diospyros kaki Thunb.

【植物形态】落叶大乔木，通常高达10～14 m以上。**茎**：树皮深灰色至灰黑色，或者黄灰褐色至褐色，沟纹较密，裂成长方块状。**叶**：叶纸质，卵状椭圆形至倒卵形或近圆形，先端渐尖或钝，基部楔形，钝圆形或近截形。**花**：花序腋生，为聚伞花序；花冠淡黄白色或黄白色而带紫红色，壶形或近钟形。**果**：果形有球形，扁球形，嫩时绿色，后变黄色，橙黄色，果肉较脆硬，老熟时果肉柔软多汁，呈橙红色或大红色等。**种子**：种子褐色，椭圆状，侧扁。花期5—6月，果期9—10月。

【药材名】柿蒂（药用部位：花）；柿叶（药用部位：叶）；柿子（药用部位：果实）。

【性味、归经及功用】柿蒂：苦、涩，平。归胃经。降逆止呃。用于呃逆。柿叶：苦，寒。归肺经。清肺止咳，凉血止血，活血化瘀。用于肺热咳喘、肺气胀、各种内出血、高血压、津伤口渴。柿子：甘、酸，凉。止泻。用于耳病、烧心泛酸。

【用法用量】柿蒂：煎服，5～10 g。柿叶：煎服，5～15 g，重症加倍。外用适量。柿子：煎服，6～9 g。

【采收加工】柿蒂：冬季果实成熟时采摘，食用时收集，洗净，晒干。柿叶：秋季采收，除去杂质，晒干。柿子：秋、冬季果实成熟时采摘，低温干燥。

【植物速认】落叶大乔木；叶纸质，卵状椭圆形至倒卵形或近圆形；花冠淡黄白色或黄白色而带紫红色，壶形或近钟形；果形有扁球形，嫩时绿色，后变黄色，可食。

1. 柿　2. 花　3、4. 果　5. 柿蒂（药材）6. 柿叶（药材）

木犀科 Oleaceae —— 连翘属 *Forsythia*

连翘

Forsythia suspensa (Thunb.) Vahl

【植物形态】落叶灌木。**茎:** 枝开展或下垂,棕色、棕褐色或淡黄褐色,小枝土黄色或灰褐色,略呈四棱形。**叶:** 通常为单叶,或3裂至三出复叶,叶片卵形、宽卵形或椭圆状卵形至椭圆形,叶缘除基部外具锐锯齿或粗锯齿。**花:** 花通常单生或2至数朵着生于叶腋,先于叶开放;花冠黄色,裂片倒卵状长圆形或长圆形。**果:** 卵球形、卵状椭圆形或长椭圆形,表面疏生皮孔。花期3—4月,果期7—9月。

【药材名】连翘(药用部位:果实)。

【性味、归经及功用】苦,微寒。归肺、心、小肠经。清热解毒,消肿散结,疏散风热。用于痈疽、瘰疬、乳痈、丹毒、风热感冒、温病初起、温热入营、高热烦渴、神昏发斑、热淋涩痛。

【用法用量】煎服,6～15 g。

【采收加工】秋季果实初熟尚带绿色时采收,除去杂质,蒸熟,晒干,习称“青翘”;果实熟透时采收,晒干,除去杂质,习称“老翘”。

【植物速认】灌木;小枝黄色,拱形下垂,中空;花开满枝金黄;果实呈卵球形、卵状椭圆形或长椭圆形。

1	2
3	4

1. 连翘
2. 果
3. 花
4. 连翘(药材)

木犀科 Oleaceae —— 丁香属 *Syringa*

北京丁香

Syringa reticulata subsp. *pekinensis* (Ruprecht) P. S. Green & M. C. Chang

【植物形态】大灌木或小乔木，高2～5 m，可达10 m。**茎：**树皮褐色或灰棕色，纵裂。**叶：**叶片纸质，卵形、宽卵形至近圆形，或为椭圆状卵形至卵状披针形，无毛。**花：**花冠白色，呈辐状。**果：**长椭圆形至披针形，光滑，稀疏生皮孔。花期5—8月，果期8—10月。

【植物速认】大灌木或小乔木；叶片纸质，卵形、宽卵形至近圆形；花冠白色，呈辐状；果实呈长椭圆形至披针形。

1. 北京丁香　2. 花　3. 果

木犀科 Oleaceae —— 梣属 *Fraxinus*

白蜡树

Fraxinus chinensis Roxb.

【植物形态】落叶乔木,高10～12 m。**茎:** 树皮灰褐色,纵裂。**芽:** 阔卵形或圆锥形,被棕色柔毛或腺毛。**叶:** 羽状复叶长15～25 cm,叶缘具整齐锯齿,上面无毛,下面无毛或有时沿中脉两侧被白色长柔毛。**花:** 圆锥花序顶生或腋生枝梢,长8～10 cm;雌花疏离,花萼大,桶状。**果:** 翅果匙形,上中部最宽,先端锐尖,常呈犁头状,基部渐狭,翅平展,下延至坚果中部,坚果圆柱形。**种子:** 核果,长椭圆形有棱。花期4—5月,果期7—9月。

【药材名】秦皮(药用部位:枝皮、干皮)。

【性味、归经及功用】苦、涩,寒。归肝、胆、大肠经。清热燥湿,收涩止痢,止带,明目。用于湿热泻痢、赤白带下、目赤肿痛、目生翳膜。

【用法用量】煎服,6～12 g。外用适量,煎洗患处。

【采收加工】春、秋二季剥取,晒干。

【植物速认】落叶乔木;羽状复叶,叶缘具整齐锯齿;翅果匙形,坚果圆柱形。

1. 白蜡树
2. 果
3. 秦皮(药材)

夹竹桃科 Apocynaceae —— 鹅绒藤属 *Cynanchum*

白首乌

Cynanchum bungei Decne.

【植物形态】攀缘性半灌木。**根:** 块根粗壮。**茎:** 纤细而韧，被微毛。**叶:** 对生，戟形，顶端渐尖，基部心形，两面被粗硬毛，以叶面较密，侧脉约6对。**花:** 伞形聚伞花序腋生，比叶为短；花萼裂片披针形，基部内面腺体通常没有或少数；花冠白色，裂片长圆形。**果:** 蓇葖单生或双生，披针形，无毛。**种子:** 卵形，种毛白色绢质。花期6—7月，果期7—10月。

【药材名】白首乌(药用部位：块根)。

【性味、归经及功用】甘、微苦，微温。归肝、肾、脾经。补肝肾，强筋骨，健脾胃，解毒。用于肝肾两虚、头昏眼花、失眠健忘、须发早白、阳痿、遗精、腰膝酸软、脾虚不运、脘腹胀满、食欲不振、泄泻、产后乳少、鱼口疮毒。

【用法用量】煎服，9～15 g。外用鲜品适量，捣敷。

【采收加工】秋、冬季采挖，洗净，切片，晒干。

【植物速认】攀缘性半灌木；叶对生，戟形；伞形聚伞花序腋生，花冠白色；蓇葖单生或双生，披针形，无毛。

1	2
3	4

1. 白首乌
2. 叶
3. 茎
4. 白首乌(药材)

夹竹桃科 Apocynaceae —— 鹅绒藤属 *Cynanchum*

变色白前

Cynanchum versicolor Bunge

【植物形态】半灌木。**茎:** 上部缠绕,下部直立,全株被绒毛。**叶:** 对生,纸质,宽卵形或椭圆形,顶端锐尖,基部圆形或近心形,两面被黄色绒毛,边具绿毛;侧脉6～8对。**花:** 伞形状聚伞花序腋生,近无总花梗,着花10余朵;花序梗被绒毛;花冠初呈黄白色,渐变为黑紫色,枯干时呈暗褐色,钟状辐形。**果:** 蓇葖单生,宽披针形。**种子:** 宽卵形,暗褐色,种毛白色绢质,长2 cm。花期5—8月,果期7—9月。

【药材名】白薇(药用部位:根)。

【性味、归经及功用】苦、咸,寒。归胃、肝、肾经。清热凉血,利尿通淋,解毒疗疮。用于温邪伤营发热、阴虚发热、骨蒸劳热、产后血虚发热、热淋、血淋、痈疽肿毒。

【用法用量】煎服,5～10 g。

【采收加工】春、秋二季采挖,洗净,干燥。

【植物速认】半灌木;茎下部直立,上部缠绕;叶对生,宽卵形或椭圆形;花冠初为黄色,渐变为黑紫色,干枯时暗褐色,钟状辐形;蓇葖单生,宽披针形。

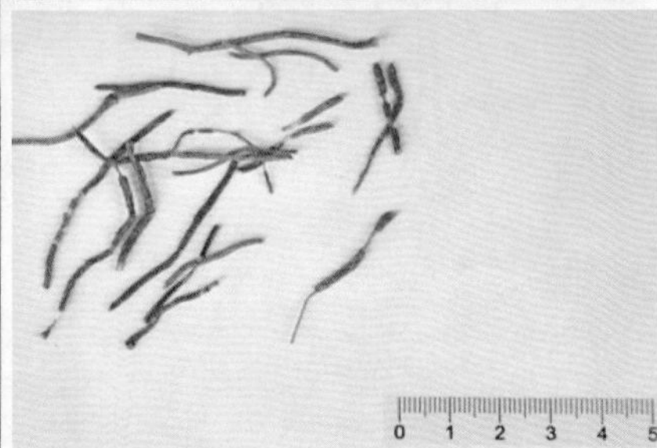

1. 花、茎
2. 叶
3. 白薇(药材)

夹竹桃科 Apocynaceae —— 鹅绒藤属 *Cynanchum*

地梢瓜

Cynanchum thesioides (Freyn) K. Schum.

【植物形态】直立半灌木。**茎：**地下茎单轴横生；茎自基部多分枝。**叶：**对生或近对生，线形，叶背中脉隆起。**花：**伞形聚伞花序腋生；花萼外面被柔毛；花冠绿白色；副花冠杯状，裂片三角状披针形，渐尖，高过药隔的膜片。**果：**蓇葖纺锤形，先端渐尖，中部膨大。**种子：**扁平，暗褐色，种毛白色绢质。花期5—8月，果期8—10月。

【药材名】地梢瓜（药用部位：全草）。

【性味、归经及功用】甘，凉。归肺经。清虚火，益气，生津，下乳。用于咽喉疼痛、气阴不足、神疲健忘、虚烦口渴、头昏失眠、产后体虚、乳汁不足。

【用法用量】煎服，15～30 g。

【采收加工】夏、秋季采收，洗净，晒干。

【植物速认】直立半灌木；叶对生或近对生，线形；伞形聚伞花序腋生，花冠绿白色；蓇葖纺锤形。

1. 地梢瓜　2. 叶　3. 花　4. 地梢瓜（药材）　5. 地梢瓜（药材）

1	2	3
4	5	

夹竹桃科 Apocynaceae —— 鹅绒藤属 *Cynanchum*

鹅绒藤

Cynanchum chinense R. Br.

【植物形态】缠绕草本。**根:** 圆柱状，干后灰黄色。**叶:** 对生，薄纸质，宽三角状心形，顶端锐尖，基部心形，叶面深绿色，叶背苍白色，两面均被短柔毛。**花:** 伞形聚伞花序腋生，两歧，着花约20朵；花冠白色，裂片长圆状披针形；花粉块每室1个，下垂。**果:** 蓇葖双生或仅有1个发育，细圆柱状。**种子:** 长圆形；种毛白色绢质。花期6—8月，果期8—10月。

【药材名】鹅绒藤（药用部位：根）。

【性味、归经及功用】苦，寒。归脾、胃、肾经。清热解毒，消积健胃，利水消肿。用于小儿食积、疳积、胃炎、十二指肠溃疡、肾炎水肿及寻常疣。

【用法用量】煎服，15 g。

【采收加工】根挖出后洗净，晒干。

【植物速认】缠绕草本；具乳汁；叶对生，宽三角状心形；花冠白色；蓇葖双生或仅有1个发育，细圆柱状。

1. 鹅绒藤
2. 花
3. 叶

夹竹桃科 Apocynaceae —— 鹅绒藤属 *Cynanchum*

牛皮消

Cynanchum auriculatum Royle ex Wight

【植物形态】蔓性半灌木。**根:** 宿根肥厚,呈块状。**茎:** 圆形,被微柔毛。**叶:** 对生,膜质,被微毛,宽卵形至卵状长圆形,顶端短渐尖,基部心形。**花:** 聚伞花序伞房状,着花30朵;花萼裂片卵状长圆形;花冠白色,辐状,裂片反折,内面具疏柔毛。**果:** 蓇葖双生,披针形。**种子:** 卵状椭圆形;种毛白色绢质。花期6—9月,果期7—11月。

【药材名】白首乌(药用部位:块根)。

【性味、归经及功用】甘、微苦,微温。归脾、胃、肝经。补肝肾,益精血,强筋骨,止心痛。用于肝肾阴虚所致的头昏眼花、失眠健忘、须发早白、腰膝酸软、筋骨不健、胸闷心痛。

【用法用量】煎服,10～20 g,或入丸、散。

【采收加工】秋季采收,洗净,晒干。

【植物速认】蔓性半灌木;具乳汁;叶宽卵形至卵状长圆形;花冠白色,辐状,裂片反折;蓇葖双生,披针形。

1. 牛皮消
2. 花
3. 茎
4. 白首乌(药材)

夹竹桃科 Apocynaceae —— 萝藦属 *Metaplexis*

萝藦

Metaplexis japonica (Thunb.) Makino

【植物形态】多年生草质藤本，长达8 m。**茎**：圆柱状，下部木质化，上部较柔韧，表面淡绿色，有纵条纹，幼时密被短柔毛，老时被毛渐脱落。**叶**：膜质，卵状心形，顶端短渐尖，基部心形，叶耳圆，叶面绿色，叶背粉绿色，无毛。**花**：总状式聚伞花序腋生或腋外生；具长总花梗，着花通常13～15朵；花冠白色，有淡紫红色斑纹，近辐状；花粉块卵圆形，下垂。**果**：蓇葖叉生，纺锤形，平滑无毛。**种子**：扁平，卵圆形，有膜质边缘，褐色，顶端具白色绢质种毛。花期7—8月，果期9—12月。

【药材名】萝藦（药用部位：全草）；萝藦子（药用部位：种子）。

【性味、归经及功用】萝藦：甘、辛，平。补精益气，通乳，解毒。用于虚劳劳伤、阳痿、遗精白带、乳汁不足、丹毒、瘰疬、疔疮、蛇虫咬伤。萝藦子：甘、辛，温。补益精气，生肌止血，解毒。用于虚劳、阳痿、金疮出血。

【用法用量】萝藦：煎服，15～30 g。萝藦子：煎服，15～30 g，或研末。外用适量，捣敷。

【采收加工】萝藦：夏末采收，除去杂质，扎成小把，晒干。萝藦子：秋季采收成熟果实，晒干。

【植物速认】多年生草质藤本；具乳汁；叶卵状心形；花冠白色，有淡紫红色斑纹；蓇葖叉生，纺锤形，平滑无毛。

1	2	3
4	5	6

1. 萝藦　2. 花　3. 果　4. 叶　5. 萝藦（药材）　6. 萝藦子（药材）

夹竹桃科 Apocynaceae —— 杠柳属 *Periploca*

杠柳

Periploca sepium Bunge

【植物形态】落叶蔓性灌木,长可达1.5 m。**根:** 主根圆柱状,外皮灰棕色,内皮浅黄色。**茎:** 茎皮灰褐色。**叶:** 叶卵状长圆形,顶端渐尖,基部楔形,叶面深绿色,叶背淡绿色。**花:** 聚伞花序,花冠紫红色,张开直径1.5 cm,反折,内面被长柔毛,外面无毛。**果:** 蓇葖2,圆柱状,无毛,具有纵条纹。**种子:** 种子长圆形,黑褐色。花期5—6月,果期7—9月。

【药材名】香加皮(药用部位:皮)。

【性味、归经及功用】辛、苦,温;有毒。归肝、肾、心经。利水消肿,祛风湿,强筋骨。用于下肢浮肿、心悸气短、风寒湿痹、腰膝酸软。

【用法用量】煎服,3～6 g。

【采收加工】春、秋二季采挖,剥取根皮,晒干。

【植物速认】蔓性灌木;具乳汁;叶卵状长圆形;花冠紫红色,漏斗状;蓇葖2,圆柱状。

1. 杠柳　2. 花　3. 果　4. 香加皮(药材)

茜草科 Rubiaceae —— 拉拉藤属 *Galium*

四叶葎

Galium bungei Steud.

【植物形态】多年生丛生直立草本，高5～50 cm。**根:** 红色丝状。**茎:** 有4棱，不分枝或稍分枝，常无毛或节上有微毛。**叶:** 纸质，4片轮生，叶形变化较大，常同一株内上部与下部的叶形均不同，卵状长圆形、卵状披针形、披针状长圆形或线状披针形。**花:** 聚伞花序顶生和腋生，稠密或稍疏散；总花梗纤细，常3歧分枝，再形成圆锥状花序；花冠黄绿色或白色，辐状，无毛，花冠裂片卵形或长圆形。**果:** 果爿近球状，通常双生，有小疣点、小鳞片或短钩毛，稀无毛；果柄纤细。花期4—9月，果期5月—翌年1月。

【药材名】四叶草(药用部位：全草)。

【性味、归经及功用】甘，平。归肺、脾、胃、肾经。清热解毒，利尿，止血，消食。用于痢疾、尿路感染、小儿疳积、白带、咳血；外用治蛇头疔。

【用法用量】煎服，2.5～5 g。外用适量，鲜草捣烂敷患处。

【采收加工】夏秋采集，鲜用或晒干。

【植物速认】多年生丛生直立草本；红色丝状根；茎有4棱；叶纸质，4片轮生；花冠黄绿色或白色。

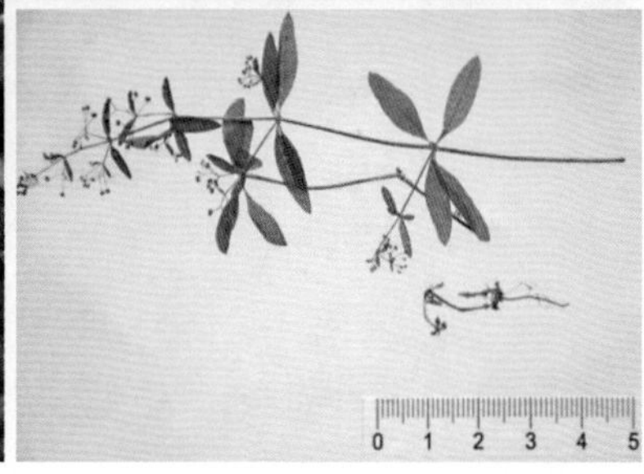

1. 四叶葎
2. 茎、叶
3. 四叶草(药材)

茜草科 Rubiaceae —— 野丁香属 *Leptodermis*

薄皮木

Leptodermis oblonga Bunge

【植物形态】灌木,高0.2～1 m或稍过之。**茎:** 纤细,灰色至淡褐色,被微柔毛,表皮薄,常片状剥落。**叶:** 纸质,披针形或长圆形,有时椭圆形或近卵形;叶柄短。**花:** 无梗,常3～7朵簇生枝顶;花冠淡紫红色,漏斗状,外面被微柔毛,裂片狭三角形或披针形。**果:** 蒴果长5～6 mm。**种子:** 有网状、与种皮分离的假种皮。花期6—8月,果期10月。

【植物速认】灌木;叶披针形或长圆形;对生;花无梗,常3～7朵簇生枝顶,花冠淡紫红色,漏斗状。

1. 薄皮木　2. 花　3. 茎

茜草科 Rubiaceae —— 茜草属 *Rubia*

茜草

Rubia cordifolia L.

【植物形态】草质攀缘藤木，长通常1.5～3.5 m。**根：**根状茎及其节上的须根均为红色。**茎：**数至多条，从根状茎的节上发出，细长，方柱形，有4棱，棱上生倒生皮刺，中部以上多分枝。**叶：**常4片轮生，纸质，披针形或长圆状披针形，边缘有齿状皮刺，两面粗糙。**花：**聚伞花序腋生和顶生，多回分枝，有花10余朵至数十朵，花序和分枝均细瘦，有微小皮刺；花冠淡黄色，干时淡褐色，花冠裂片近卵形。**果：**球形，成熟时橘黄色。花期8—9月，果期10—11月。

【药材名】茜草（药用部位：根及根茎）；茜草藤（药用部位：全草）。

【性味、归经及功用】茜草：辛，微温。归肺、肝经。凉血，祛瘀，止血，通经。用于吐血、衄血、崩漏、外伤出血、瘀阻经闭、关节痹痛、跌扑肿痛。茜草藤：苦，凉；无毒。归心、肝、肾、大肠、小肠、心包经。止血，行瘀。用于吐血、血崩、跌打损伤、风痹、腰痛、痈毒、疔肿。

【用法用量】茜草：煎服，5～10 g。茜草藤：煎服，9～15 g，鲜品30～60 g，或浸酒。外用适量，煎水洗，或捣敷。

【采收加工】茜草：春、秋二季采挖，除去泥沙，干燥。茜草藤：夏、秋季采集，切段，鲜用或晒干。

【植物速认】草质攀缘藤木；根状茎和其节上的须根均红色；茎4棱，具倒小刺；叶常4片轮生；花冠淡黄色；果球形，橘黄色。

1. 茜草　2. 茎　3. 叶　4. 果　5. 茜草藤（药材）　6. 茜草（药材）

旋花科 Convolvulaceae —— 打碗花属 *Calystegia*

打碗花

Calystegia hederacea Wall.

【植物形态】一年生草本，植株通常矮小。**根：**细长白色。**茎：**细，平卧，有细棱。**叶：**基部叶片长圆形，顶端圆，基部戟形，上部叶片3裂，中裂片长圆形或长圆状披针形，侧裂片近三角形，全缘或2～3裂。**花：**腋生，1朵；花梗长于叶柄，有细棱；花冠淡紫色或淡红色，钟状；雄蕊近等长。**果：**蒴果卵球形。**种子：**黑褐色，表面有小疣。

【药材名】面根藤（药用部位：全草）。

【性味、归经及功用】甘、淡，平。归脾、肾经。健脾益气，利尿，调经，止带。用于脾虚消化不良、月经不调、白带、乳汁稀少。

【用法用量】煎服，5～10 g。

【采收加工】夏、秋季采割，除去杂质，晒干。

【植物速认】一年生草本；茎平卧；叶片三角状戟形，侧裂片通常2裂；花冠淡紫色或淡红色，钟状；蒴果卵球形。

1. 打碗花　2. 花　3. 面根藤（药材）

旋花科 Convolvulaceae —— 旋花属 *Convolvulus*

田旋花

Convolvulus arvensis L.

【植物形态】多年生草本。**茎：**根状茎横走，茎平卧或缠绕，有条纹及棱角，无毛或上部被疏柔毛。**叶：**卵状长圆形至披针形，全缘或3裂；叶柄较叶片短；叶脉羽状，基部掌状。**花：**花序腋生，1或有时2～3至多花；花冠宽漏斗形，白色或粉红色，或白色具粉红或红色的瓣中带，或粉红色具红色或白色的瓣中带，5浅裂；雄蕊5，雌蕊较雄蕊稍长。**果：**蒴果卵状球形，或圆锥形，无毛。**种子：**4，卵圆形，无毛，暗褐色或黑色。

【药材名】田旋花（药用部位：全草）。

【性味、归经及功用】辛，温；有毒。归肾经。祛风止痒，止痛。用于风湿痹痛、牙痛、神经性皮炎。

【用法用量】煎服，6～10 g。外用适量，酒浸涂患处。

【采收加工】夏、秋季采收，洗净，鲜用或切段晒干。

【植物速认】多年生草本；叶卵状长圆形至披针形；花序腋生，花冠宽漏斗形，白色或粉红色；蒴果卵状球形，或圆锥形，无毛。

1、2. 田旋花　3. 花　4. 田旋花（药材）

1 2 3 4

旋花科 Convolvulaceae —— 菟丝子属 *Cuscuta*

金灯藤

Cuscuta japonica Choisy

【植物形态】一年生寄生缠绕草本。**茎:** 较粗壮,肉质,黄色,常带紫红色瘤状斑点,无毛,多分枝,无叶。**花:** 无柄或几无柄,形成穗状花序;花冠钟状,淡红色或绿白色,裂片卵状三角形;雄蕊5,着生于花冠喉部裂片之间;花药卵圆形,黄色;花丝无或几无。**果:** 蒴果卵圆形,近基部周裂。**种子:** 1～2个,光滑,褐色。花期8月,果期9月。

【药材名】菟丝子(药用部位:种子)。

【性味、归经及功用】甘,温。归肾、肝、脾经。滋补肝肾,固精缩尿,安胎,明目,止泻。用于阳痿遗精、尿有余沥、遗尿尿频、腰膝酸软、目昏耳鸣、肾虚胎漏、胎动不安、脾肾虚泻;外治白癜风。

【用法用量】煎服,6～12 g。外用适量。

【采收加工】秋季果实成熟时采收植株,晒干,打下种子,除去杂质。

【植物速认】一年生寄生缠绕草本;茎常带紫红色瘤状斑点;无叶;花冠钟状,淡红色或绿白色;蒴果卵圆形。

1. 金灯藤　2. 茎　3. 花

1 | 2 | 3

旋花科 Convolvulaceae —— 菟丝子属 *Cuscuta*

南方菟丝子

Cuscuta australis R. Br.

【植物形态】一年生寄生草本。**茎:** 茎缠绕,金黄色,纤细,直径1 mm左右,无叶。**花:** 花冠乳白色或淡黄色,杯状。**果:** 蒴果扁球形。**种子:** 通常有4种子,淡褐色,卵形。

【药材名】菟丝子(药用部位: 种子)。

【性味、归经及功用】辛、甘,平。归肾、肝、脾经。补益肝肾,固精缩尿,安胎,明目,止泻; 外用消风祛斑。用于肝肾不足、腰膝酸软、阳痿遗精、遗尿尿频、肾虚胎漏、胎动不安、目昏耳鸣、脾肾虚泻; 外治白癜风。

【用法用量】煎服,6～12 g。外用适量。

【采收加工】秋季果实成熟时采收植株,晒干,打下种子,除去杂质。

【植物速认】一年生寄生草本; 茎缠绕,金黄色; 无叶; 花冠白色,花萼片平; 蒴果球形。

1. 南方菟丝子 2、3. 花、果 4. 菟丝子(药材)

1	2
3	4

旋花科 Convolvulaceae —— 虎掌藤属 *Ipomoea*

牵牛

Ipomoea nil (Linnaeus) Roth

【植物形态】一年生缠绕草本。**茎:** 茎上被倒向的短柔毛及杂有倒向或开展的长硬毛。**叶:** 宽卵形或近圆形,深或浅的3裂,偶5裂,基部圆,心形,中裂片长圆形或卵圆形,叶面或疏或密被微硬的柔毛。**花:** 腋生,单一或通常2朵着生于花序梗顶,花序梗长短不一,通常短于叶柄,有时较长,毛被同茎;花冠漏斗状,蓝紫色或紫红色,花冠管色淡。**果:** 蒴果近球形,3瓣裂。**种子:** 卵状三棱形,黑褐色或米黄色,被褐色短绒毛。

【药材名】牵牛子(药用部位:种子)。

【性味、归经及功用】苦,寒;有毒。归肺、肾、大肠经。泻水通便,消痰涤饮,杀虫攻积。用于水肿胀满、二便不通、痰饮积聚、气逆喘咳、虫积腹痛。

【用法用量】煎服,3～6 g。

【采收加工】秋末果实成熟、果壳未开裂时采割植株,晒干,打下种子,除去杂质。

【植物速认】一年生缠绕草本;叶宽卵形或近圆形,裂片基部向内凹陷;花腋生,单一或2朵,花冠漏斗状,蓝紫色或紫红色,萼片向外反转,被硬毛;蒴果近球形,3瓣裂。

1. 裂叶牵牛 2. 花 3. 牵牛子(药材)

旋花科 Convolvulaceae —— 虎掌藤属 *Ipomoea*

圆叶牵牛

Ipomoea purpurea Lam.

【植物形态】一年生缠绕草本。**茎：** 茎上被倒向的短柔毛及杂有倒向或开展的长硬毛。**叶：** 圆心形或宽卵状心形，基部圆，心形，顶端锐尖、骤尖或渐尖，通常全缘，偶有3裂，两面疏或密被刚伏毛；毛被与茎同。**花：** 腋生，单一或2～5朵着生于花序梗顶端成伞形聚伞花序，花序梗比叶柄短或近等长，毛被与茎相同；花冠漏斗状，紫红色、红色或白色；花盘环状。**果：** 蒴果近球形，3瓣裂。**种子：** 卵状三棱形，黑褐色或米黄色，被极短的糠秕状毛。

【药材名】牵牛子（药用部位：种子）。

【性味、归经及功用】苦，寒；有毒。归肺、肾、大肠经。泻水通便，消痰涤饮，杀虫攻积。用于水肿胀满、二便不通、痰饮积聚、气逆喘咳、虫积腹痛。

【用法用量】煎服，3～6 g。

【采收加工】秋末果实成熟、果壳未开裂时采割植株，晒干，打下种子，除去杂质。

【植物速认】一年生缠绕草本；叶圆心形或宽卵状心形；花腋生，单一或2～5朵，花冠漏斗状，蓝紫色或紫红色，花盘环状；蒴果近球形，3瓣裂。

1. 圆叶牵牛　2～5. 花　6. 牵牛子（药材）

紫草科 Boraginaceae —— 斑种草属 *Bothriospermum*

斑种草

Bothriospermum chinense Bge.

【植物形态】一年生草本，稀为二年生，高20～30 cm。**根：**为直根，细长，不分枝。**茎：**数条丛生，直立或斜升，由中部以上分枝或不分枝。**叶：**基生叶及茎下部叶具长柄，匙形或倒披针形，茎中部及上部叶无柄，长圆形或狭长圆形，上面被向上贴伏的硬毛，下面被硬毛及伏毛。**花：**聚伞总状花序；花序具苞片；苞片卵形或狭卵形；花梗短；花冠淡蓝色，裂片圆形，喉部附属物梯形；花药卵圆形或长圆形。**果：**小坚果肾形，有网状皱褶及稠密的粒状突起，腹面有椭圆形的横凹陷。花期4—6月。

【药材名】斑种草（药用部位：全草）。

【性味、归经及功用】微苦，凉。归胃、大肠经。清热燥湿，解毒消肿。用于湿疮、湿疹、瘙痒难忍。

【用法用量】煎服，9～15 g。

【采收加工】夏秋季采全草，洗净鲜用或晒干备用。

【植物速认】一年生草本；叶匙形或倒披针形，边缘皱波状；花冠淡蓝色。

1. 斑种草　2. 花　3. 叶　4. 斑种草（药材）

紫草科 Boraginaceae —— 斑种草属 *Bothriospermum*

狭苞斑种草

Bothriospermum kusnezowii Bge.

【植物形态】一年生草本，高15～40 cm。**茎：**数条丛生，直立或平卧，被开展的硬毛及短伏毛，由下部多分枝。**叶：**基生叶莲座状，倒披针形或匙形，先端钝，基部渐狭成柄，边缘有波状小齿，两面疏生硬毛及伏毛，茎生叶无柄，长圆形或线状倒披针形。**花：**花序具苞片；苞片线形或线状披针形，密生硬毛及伏毛；花冠淡蓝色、蓝色或紫色，钟状。**果：**小坚果椭圆形，密生疣状突起，腹面的环状凹陷圆形，增厚的边缘全缘。花果期5—7月。

【植物速认】一年生草本；基生叶莲座状，倒披针形或匙型，茎生长圆形或线状倒披针形；花冠淡蓝色、蓝色或紫色，钟状。

1. 狭苞斑种草　2. 叶　3. 花

紫草科 Boraginaceae —— 紫筒草属 *Stenosolenium*

紫筒草

Stenosolenium saxatile (Pallas) Turczaninow

【植物形态】多年生草本。**根：**细锥形，根皮紫褐色，稍含紫红色物质。**茎：**通常数条，直立或斜升，不分枝或上部有少数分枝，密生开展的长硬毛和短伏毛。**叶：**基生叶和下部叶匙状线形或倒披针状线形，近花序的叶披针状线形，两面密生硬毛，无柄。**花：**花序顶生，密生硬毛；苞片叶状；花冠蓝紫色、紫色或白色，外面有稀疏短伏毛；雄蕊螺旋状着生花冠筒中部之上，内藏。**果：**小坚果的短柄长约0.5 mm，着生面居短柄的底面。花果期5—9月。

【药材名】紫筒草（药用部位：全草）。

【性味、归经及功用】苦、辛，凉。归肝经。清热凉血，止血，止咳。用于吐血、肺热咳嗽、感冒、关节疼痛。

【用法用量】煎服，6～9 g。

【采收加工】夏季采收，晒干。

【植物速认】多年生草本；根皮紫褐色；叶两面密生硬毛；花冠蓝紫色、紫色或白色。

1. 紫筒草　2. 叶　3. 花

1	2
	3

紫草科 Boraginaceae —— 附地菜属 *Trigonotis*

附地菜

Trigonotis peduncularis (Trev.) Benth. ex Baker et Moore

【植物形态】一年生或二年生草本。**茎:** 通常多条丛生,稀单一,密集,铺散,基部多分枝,被短糙伏毛。**叶:** 基生叶呈莲座状,有叶柄,叶片匙形,两面被糙伏毛,茎上部叶长圆形或椭圆形,无叶柄或具短柄。**花:** 花序生茎顶,幼时卷曲,后渐次伸长,只在基部具2～3个叶状苞片,其余部分无苞片; 花梗短; 花冠淡蓝色或粉色,筒部甚短,裂片平展,倒卵形。**果:** 小坚果4,斜三棱锥状四面体形,有短毛或平滑无毛,背面三角状卵形,具3锐棱,腹面的2个侧面近等大而基底面略小,凸起,具短柄,向一侧弯曲。早春开花,花期甚长。

【药材名】附地菜(药用部位: 全草)。

【性味、归经及功用】甘、辛,温。归心、肝、脾、肾经。温中健胃,消肿止痛,止血。用于胃痛、吐酸、吐血; 外用治跌打损伤、骨折。

【用法用量】煎服,5～10 g。外用适量,捣烂涂患处。

【采收加工】夏秋采集,拔取全株,除去杂质,晒干备用。

【植物速认】一年生或二年生草本; 叶片匙形; 花序生茎顶,幼时卷曲,后渐次伸长,花冠淡蓝色或粉色。

1. 附地菜　2. 花　3. 附地菜(药材)

唇形科 Lamiaceae —— 夏至草属 *Lagopsis*

夏至草

Lagopsis supina (Steph. ex Willd.) Ik.-Gal. ex Knorr.

【植物形态】多年生草本，披散于地面或上升。**根**：主根圆锥形。**茎**：茎高15～35 cm，四棱形，具沟槽，带紫红色，密被微柔毛，常在基部分枝。**叶**：轮廓为圆形，先端圆形，基部心形，叶片两面均绿色，边缘具纤毛，脉掌状；叶柄长。**花**：轮伞花序疏花；花萼管状钟形；花冠白色，稀粉红色；雄蕊4；花药卵圆形；花盘平顶。**果**：小坚果长卵形，长约1.5 mm，褐色，有鳞秕。花期3—4月，果期5—6月。

【药材名】夏至草（药用部位：全草）。

【性味、归经及功用】微苦，平。归肝经。消炎，利尿。用于翳障沙眼、结膜炎、遗尿症。

【用法用量】煎服或熬膏，6～12 g。

【采收加工】茂盛期采收，晒干或鲜用。

【植物速认】多年生草本；叶的轮廓为圆形，3深裂；花冠白色，二唇形。

1. 夏至草　2. 花　3. 夏至草（药材）

唇形科 Lamiaceae —— 鼠尾草属 *Salvia*

丹参

Salvia miltiorrhiza Bunge

【植物形态】多年生直立草本。**根:** 肥厚,肉质,外面朱红色,内面白色,疏生支根。**茎:** 直立,四棱形,具槽,密被长柔毛,多分枝。**叶:** 常为奇数羽状复叶,密被向下长柔毛,卵圆形或椭圆状卵圆形或宽披针形,边缘具圆齿,草质,两面被疏柔毛,下面较密。**花:** 轮伞花序6花或多花;花冠紫蓝色;冠檐二唇形,下唇短于上唇,3裂。**果:** 小坚果黑色,椭圆形。花期4—8月,花后见果。

【药材名】丹参(药用部位:根)。

【性味、归经及功用】苦,微寒。归心、肝经。活血祛瘀,通经止痛,清心除烦,凉血消痈。用于胸痹心痛、脘腹胁痛、癥瘕积聚、热痹疼痛、心烦不眠、月经不调、痛经经闭、疮疡肿痛。

【用法用量】煎服,10～15 g。

【采收加工】春、秋二季采挖,除去泥沙,干燥。

【植物速认】多年生直立草本;根外面朱红色,内面白色;茎四棱形;常为奇数羽状复叶,边缘具圆齿,草质;轮伞花序,花冠紫蓝色。

1. 丹参　2. 茎　3. 花　4. 丹参(药材)

唇形科 Lamiaceae —— 鼠尾草属 *Salvia*

荔枝草
Salvia plebeia R. Br.

【植物形态】一年生或二年生草本。**根:** 主根肥厚,向下直伸,有多数须根。**茎:** 直立,粗壮,多分枝,被向下的灰白色疏柔毛。**叶:** 椭圆状卵圆形或椭圆状披针形,边缘具圆齿、牙齿或尖锯齿,草质,上面被稀疏的微硬毛,下面被短疏柔毛,余部散布黄褐色腺点。**花:** 轮伞花序6花,多数,在茎、枝顶端密集组成总状或总状圆锥花序;花冠淡红、淡紫、紫、蓝紫至蓝色,稀白色,冠筒外面无毛;花盘前方微隆起。**果:** 小坚果倒卵圆形,成熟时干燥,光滑。花期4—5月,果期6—7月。

【药材名】荔枝草(药用部位:全草)。

【性味、归经及功用】苦、辛,凉。归肺、胃经。清热,解毒,凉血,利尿。用于咽喉肿痛、支气管炎、肾炎水肿、痈肿;外治乳腺炎、痔疮肿痛、出血。

【用法用量】煎服,9～30 g,鲜品15～60 g,可取汁内服。外用适量,捣烂外敷、塞鼻或煎汤洗。

【采收加工】夏、秋二季花开穗绿时采收,晒干或鲜用。

【植物速认】一年生或二年生草本;茎直立;轮伞花序,多数;花冠淡红、淡紫、紫、蓝紫至蓝色。

1. 荔枝草　2、3. 花　4. 茎　5. 荔枝草(药材)

唇形科 Lamiaceae —— 鼠尾草属 *Salvia*

荫生鼠尾草

Salvia umbratica Hance

【植物形态】一年生或二年生草本。**根：**粗大，锥形，木质，褐色。**茎：**直立，高可达1.2 m，钝四棱形，被长柔毛，间有腺毛，分枝，枝锐四棱形。**叶：**叶片三角形或卵圆状三角形，上面绿色，下面淡绿色，沿脉被长柔毛，余部散布黄褐色腺点。**花：**轮伞花序；花冠蓝紫或紫色；退化雄蕊短小，长约1 mm；花盘前方稍膨大。**果：**椭圆形。花期8—10月。

【药材名】荫生鼠尾草（药用部位：全草）。

【性味、归经及功用】辛、苦，平。归肝、肾、心经。清热利湿，活血调经，解毒消肿。用于黄疸、赤白下痢、湿热带下、月经不调、痛经、疮疡疖肿、跌打损伤。

【用法用量】煎服，15～30 g。

【采收加工】夏季采收，洗净，晒干。

【植物速认】一年生或二年生草本；茎直立，钝四棱形；单叶，叶片三角形或卵圆状三角形；轮伞花序，花冠蓝紫或紫色。

1. 荫生鼠尾草　2. 花　3. 荫生鼠尾草（药材）

唇形科 Lamiaceae —— 牡荆属 *Vitex*

荆条

Vitex negundo var. *heterophylla* (Franch.) Rehd.

【植物形态】灌木或小乔木。**茎:** 四棱形,密生灰白色绒毛。**叶:** 掌状复叶,小叶5,少有3;小叶片边缘有缺刻状锯齿,浅裂以至深裂,背面密被灰白色绒毛。**花:** 聚伞花序排成圆锥花序式,顶生,花序梗密生灰白色绒毛;花冠淡紫色,外有微柔毛,顶端5裂,二唇形;雄蕊伸出花冠管外;子房近无毛。**果:** 核果近球形。 花期4—6月,果期7—10月。

【药材名】荆条根(药用部位:根)。

【性味、归经及功用】苦、微辛,平。归肺、肝、脾经。清热止咳,化痰截疟。用于支气管炎、疟疾、肝炎。

【用法用量】煎服,2.5～5 g。

【采收加工】四季可采,以夏秋采收为好,洗净切段晒干。

【植物速认】灌木或小乔木;茎四棱形;掌状复叶,小叶5,表面绿色,密被灰白色绒毛;聚伞花序排成圆锥花序式,顶生,花冠淡紫色;核果近球形。

1. 荆条 2、3. 花 4. 果 5. 荆条根(药材)

茄科 Solanaceae —— 曼陀罗属 *Datura*

曼陀罗

Datura stramonium L.

【植物形态】草本或半灌木状，高0.5～1.5 m。**茎：**粗壮，圆柱状，淡绿色或带紫色，下部木质化。**叶：**叶广卵形，顶端渐尖，基部不对称楔形，有时亦有波状牙齿。**花：**花单生于枝杈间或叶腋；花萼筒状，反折；花冠漏斗状，下半部带绿色，上部白色或淡紫色。**果：**卵状，表面生有坚硬针刺或有时无刺而近平滑，成熟后淡黄色。**种子：**卵圆形，稍扁。花期6—10月，果期7—11月。

【药材名】曼陀罗叶（药用部位：叶）；曼陀罗子（药用部位：种子）。

【性味、归经及功用】曼陀罗叶：苦、辛，温；有毒。归肺、心经。平喘止咳，散寒止痛。用于喘咳、脘腹疼痛、痛经、寒湿痹痛。曼陀罗子：辛、苦，温；有毒。归肝、脾经。平喘，祛风，止痛。用于喘咳、惊痫、风寒湿痹、泻痢、脱肛、跌打损伤。

【用法用量】曼陀罗叶：煎服，0.3～0.6 g。曼陀罗子：煎服，0.25～0.5 g。

【采收加工】曼陀罗叶：7—8月采摘，干燥。曼陀罗子：夏秋果实成熟时采收，晒干。

【植物速认】草本或半灌木状；叶广卵形；花萼筒状，筒部有5棱角，花冠漏斗状，常白色；果卵状，表面生有坚硬针刺，成熟后淡黄色。

1. 曼陀罗　2. 花　3. 果　4. 曼陀罗花（药材）　5. 曼陀罗叶（药材）

茄科 Solanaceae —— 枸杞属 *Lycium*

枸杞

Lycium chinense Miller

【植物形态】多分枝灌木，高1～2 m。**茎：** 枝条细弱，弓状弯曲或俯垂，淡灰色，有纵条纹。**叶：** 叶纸质或栽培者质稍厚，卵形、卵状菱形、长椭圆形、卵状披针形。**花：** 花在长枝上单生或双生于叶腋，在短枝上则同叶簇生；花冠漏斗状，淡紫色。**果：** 浆果红色，卵状，栽培者可成长矩圆状或长椭圆状，顶端尖或钝。**种子：** 扁肾脏形，黄色。花期6—11月，果期6—11月。

【药材名】地骨皮（药用部位：根皮）。

【性味、归经及功用】甘，寒。归肺、肝、肾经。凉血除蒸，清肺降火。用于阴虚潮热、骨蒸盗汗、肺热咳嗽、咳血、衄血、内热消渴。

【用法用量】煎服，9～15 g。

【采收加工】春初或秋后采挖根部，洗净，剥取根皮，晒干。

【植物速认】多分枝灌木；枝条弓状弯曲或俯垂，淡灰色；花冠漏斗状，淡紫色；浆果红色，卵状。

1. 枸杞　2. 花　3. 果　4. 地骨皮（药材）

茄科 Solanaceae —— 茄属 *Solanum*

龙葵

Solanum nigrum L.

【植物形态】一年生直立草本，高达1 m。**茎：** 茎无棱或棱不明显，绿色或紫色。**叶：** 叶卵形，基部楔形至阔楔形而下延至叶柄，全缘或每边具不规则的波状粗齿。**花：** 蝎尾状花序腋外生；萼小，浅杯状；花冠白色。**果：** 浆果球形，熟时黑色。**种子：** 种子多数，近卵形，两侧压扁。花果期9—10月。

【药材名】龙葵(药用部位：地上部分)；龙葵子(药用部位：果实)。

【性味、归经及功用】龙葵：寒、苦，微甘；有小毒。归肺、胃、心、膀胱经。清热解毒，利水消肿。用于感冒发热、牙痛、慢性支气管炎、急性肾炎、痢疾、泌尿系感染、乳腺炎、白带、癌症。龙葵子：苦，寒。归脾、肺经。清热解毒，止咳化痰。用于咽喉肿痛、疔疮、咳嗽痰喘。

【用法用量】龙葵：煎服，9～30 g。龙葵子：煎服，6～10 g。

【采收加工】龙葵：8月末9月初采收，于阴凉处至干。龙葵子：夏秋采摘，晒干。

【植物速认】一年生直立草本；叶卵形，全缘或每边具不规则的波状粗齿；花冠白色；浆果球形，熟时黑色。

1	2
3	4

1. 龙葵
2. 花、果
3. 龙葵子(药材)
4. 龙葵(药材)

泡桐科 Paulowniaceae —— 泡桐属 *Paulownia*

毛泡桐

Paulownia tomentosa (Thunb.) Steud.

【植物形态】乔木高达20 m，树冠宽大伞形，树皮褐灰色。**叶：**叶片心脏形，全缘或波状浅裂。**花：**金字塔形或狭圆锥形花序，萼浅钟形；花冠紫色，漏斗状钟形。**果：**蒴果卵圆形。**种子：**种子连翅长2.5～4 mm。花期4—5月，果期8—9月。

【药材名】泡桐树皮（药用部位：树皮）；泡桐花（药用部位：花）；泡桐果（药用部位：果实）；泡桐叶（药用部位：叶）。

【性味、归经及功用】泡桐树皮：辛、苦，温；有毒。归肝、肾、心经。利水消肿，祛风湿，强筋骨。用于下肢浮肿、心悸气短、风寒湿痹、腰膝酸软。泡桐花：苦，寒。归肺、大肠、胃经。清肺利咽，解毒消肿。用于腮腺炎、细菌性痢疾、急性肠炎。泡桐果：苦，微寒。归肺、大肠经。化痰，止咳，平喘。用于慢性气管炎、咳嗽咯痰。泡桐叶：苦，寒。归肺、肝、胃经。清热解毒，止血消肿。用于痈疽、疔疮肿毒、创伤出血。

【用法用量】泡桐树皮：煎服，3～6 g。泡桐花：煎服，10～25g。泡桐果：煎服，15～30 g。泡桐叶：煎服，15～30 g。

【采收加工】泡桐树皮：全年均可采收，鲜用或晒干。泡桐花：春季花开时采收，晒干或鲜用。泡桐果：夏、秋季采摘，晒干。泡桐叶：夏、秋季采摘，鲜用或晒干。

【植物速认】乔木；叶片心脏形，全缘或波状浅裂；萼浅钟形，裂至1/2处，花冠紫色，漏斗状钟形；蒴果卵圆形，密生黏质腺毛。

1. 毛泡桐
2. 泡桐叶（药材）
3. 泡桐果（药材）

列当科 Orobanchaceae —— 地黄属 *Rehmannia*

地黄

Rehmannia glutinosa (Gaert.) Libosch. ex Fisch. et Mey.

【植物形态】多年生草本，高10～30 cm。**根**：根茎肉质，鲜时黄色。**茎**：茎紫红色。**叶**：叶片卵形至长椭圆形，上面绿色，下面略带紫色或呈紫红色，边缘具不规则圆齿或钝锯齿以至牙齿。**花**：总状花序；花冠筒多少弓曲，外面紫红色，花冠内面黄紫色。**果**：蒴果卵形至长卵形。花期4—7月，果期4—7月。

【药材名】鲜地黄（药用部位：根）；生地黄（药用部位：根）。

【性味、归经及功用】鲜地黄：甘、苦，寒。归心、肝、肾经。清热生津，凉血止血。用于热病伤阴、青绛烦渴、温毒发斑、吐血衄血、咽喉肿痛。生地黄：甘，寒。归心、肝、肾经。清热凉血，养阴生津。用于热入营血、温毒发斑、吐血衄血、热病伤阴、舌绛烦渴、津伤便秘、阴虚发热、骨蒸劳热、内热消渴。

【用法用量】鲜地黄：煎服，12～30 g。生地黄：煎服，10～15 g。

【采收加工】鲜地黄：秋季采挖，除去芦头、须根及泥沙，鲜用。生地黄：地黄缓缓烘焙至约八成干。

【植物速认】多年生草本；根茎鲜时黄色；叶多基生，卵形至长椭圆形；花冠筒外面紫红色，花冠内面黄紫色。

1. 地黄
2. 花
3. 生地黄（药材）

紫葳科 Bignoniaceae —— 梓属 *Catalpa*

梓

Catalpa ovata G. Don

【植物形态】乔木，高达15 m，树冠伞形，主干通直，嫩枝具稀疏柔毛。**叶：**叶对生或近于对生，有时轮生，阔卵形，基部心形，全缘或浅波状。**花：**顶生圆锥花序；花萼蕾时圆球形；花冠钟状，淡黄色，内面具2黄色条纹及紫色斑点。**果：**蒴果线形，下垂。**种子：**种子长椭圆形，两端具有平展的长毛。

【药材名】梓实（药用部位：果）；梓白皮（药用部位：根皮）。

【性味、归经及功用】梓实：甘，平。归肾、膀胱经。利水消肿。用于小便不利、浮肿、腹水。梓白皮：苦，寒。归胆、胃经。清热利湿，降逆止吐，杀虫止痒。用于湿热黄疸、胃逆呕吐、疮疖、湿疹、皮肤瘙痒。

【用法用量】梓实：煎服，9～15 g。梓白皮：煎服，5～9 g。外用适量。

【采收加工】梓实：秋、冬间摘取成熟果实，晒干。梓白皮：全年均可采，晒干。

【植物速认】乔木；叶阔卵形，全缘或浅波状；花淡黄色；蒴果线形，下垂；种子长椭圆形，两端具有平展的长毛。

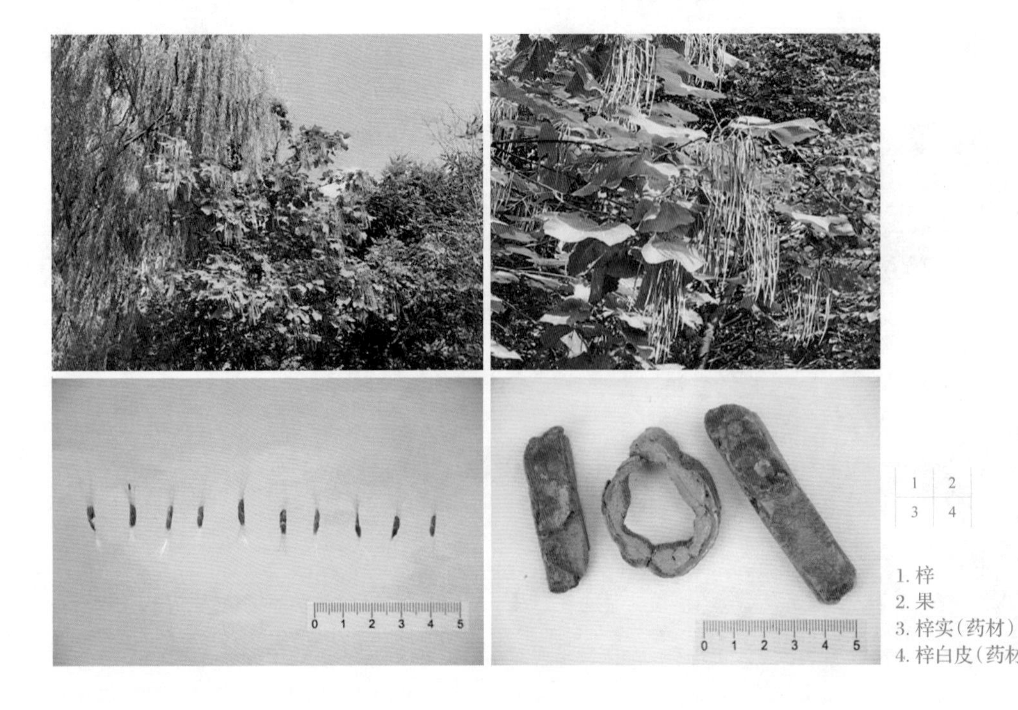

1	2
3	4

1. 梓
2. 果
3. 梓实（药材）
4. 梓白皮（药材）

紫葳科 Bignoniaceae —— 角蒿属 *Incarvillea*

角蒿

Incarvillea sinensis Lam.

【植物形态】一年生至多年生草本，具分枝的茎，高达80 cm。**根：**根近木质而分枝。**叶：**叶互生，羽状细裂，小叶不规则细裂，末回裂片线状披针形，具细齿或全缘。**花：**总状花序；花萼钟状，绿色带紫红色；花冠淡玫瑰色或粉红色，有时带紫色，钟状漏斗形，花冠裂片圆形。**果：**蒴果淡绿色，细圆柱形，顶端尾状渐尖。**种子：**种子扁圆形，细小。花期5—9月，果期10—11月。

【药材名】角蒿（药用部位：全草）。

【性味、归经及功用】甘、淡，温。归肝、脾、肾经。祛风除湿，杀虫止痒，止痛。用于风湿痹痛、跌打损伤、口疮、齿龈溃烂、耳疮、湿疹、疥癣、阴道滴虫。

【用法用量】烧存性研末掺，或煎汤熏洗。

【采收加工】夏、秋二季采收，除去杂质，晒干。

【植物速认】一年生至多年生草本；叶互生，2～3回羽状细裂；花冠淡玫瑰色或粉红色；蒴果淡绿色，细圆柱形，果实角状，形似蒿属，故称“角蒿”。

1	2
3	4

1. 角蒿
2. 花
3. 果
4. 角蒿（药材）

车前科 Plantaginaceae —— 车前属 *Plantago*

大车前

Plantago major L.

【植物形态】二年生或多年生草本。**根:** 须根多数。**茎:** 根茎粗短。**叶:** 叶基生呈莲座状,叶片草质、薄纸质或纸质,宽卵形至宽椭圆形,边缘波状、疏生不规则牙齿或近全缘。**花:** 穗状花序细圆柱状;花无梗;花冠白色,无毛,于花后反折。**果:** 蒴果近球形、卵球形或宽椭圆球形,于中部或稍低处周裂。**种子:** 种子卵形、椭圆形或菱形,黄褐色。花期6—8月,果期7—9月。

【药材名】大车前草(药用部位:全草)。

【性味、归经及功用】甘、涩,凉。归肾、膀胱、肝经。止泻,愈伤。用于清热利尿、祛痰、凉血、解毒。

【用法用量】煎服,3～6 g。

【采收加工】秋季采挖,洗净泥沙,除去枯叶,晒干。

【植物速认】二年生或多年生草本;须根;叶片草质、薄纸质或纸质,大型;穗状花序细圆柱状。

1. 大车前 2. 叶 3. 大车前草(药材)

车前科 Plantaginaceae —— 车前属 *Plantago*

平车前

Plantago depressa Willd.

【植物形态】一年生或二年生草本。**根:** 直根长,具多数侧根。**茎:** 根茎短。**叶:** 叶基生呈莲座状,叶片纸质,椭圆形、椭圆状披针形或卵状披针形,边缘具浅波状钝齿、不规则锯齿或牙齿,基部宽楔形至狭楔形;叶柄基部扩大成鞘状。**花:** 穗状花序细圆柱状;花萼无毛,龙骨突宽厚;花冠白色,无毛,冠筒椭圆形或卵形,于花后反折。**果:** 蒴果卵状椭圆形至圆锥状卵形,于基部上方周裂。**种子:** 种子椭圆形,黄褐色至黑色,子叶背腹向排列。花期5—7月,果期7—9月。

【药材名】车前子(药用部位:种子);车前草(药用部位:全草)。

【性味、归经及功用】车前子:甘,寒。归肝、肺、肾、小肠经。清热利尿通淋,渗湿止泻,明目,祛痰。用于热淋涩痛、水肿胀满、暑湿泄泻、目赤肿痛、痰热咳嗽。车前草:甘,寒。归肝、肾、肺、小肠经。清热利尿通淋,祛痰,凉血,解毒。用于热淋涩痛、水肿尿少、暑湿泄泻、痰热咳嗽、吐血衄血、痈肿疮毒。

【用法用量】车前子:煎服,9～15 g,包煎。车前草:煎服,9～30 g。

【采收加工】车前子:夏、秋二季种子成熟时采收果穗,晒干,搓出种子,除去杂质。车前草:夏季采挖,除去泥沙,晒干。

【植物速认】一年生或二年生草本;直根长;叶片纸质,椭圆形;穗状花序细圆柱状。

1、2. 平车前 3. 车前草(药材) 4. 车前子(药材)

车前科 Plantaginaceae —— 婆婆纳属 *Veronica*

北水苦荬

Veronica anagallis-aquatica Linnaeus

【植物形态】多年生(稀为一年生)草本,通常全体无毛。**根:** 根茎斜走。**茎:** 茎直立或基部倾斜。**叶:** 叶无柄,多为椭圆形或长卵形,少为卵状矩圆形,更少为披针形,全缘或有疏而小的锯齿。**花:** 花序比叶长,多花;萼裂片卵状披针形;花冠浅蓝色、浅紫色或白色。**果:** 蒴果近圆形,顶端圆钝而微凹。花期4—9月。

【药材名】水苦荬(药用部位:全草)。

【性味、归经及功用】苦,凉。归肺、肝、肾经。清热解毒,活血止血。用于感冒、咽痛、劳伤咯血、痢疾、血淋、月经不调、疮肿、跌打损伤。

【用法用量】煎服,10～30 g。外用适量,鲜品捣敷。

【采收加工】夏季采收虫瘿的全草,洗净,切碎,鲜用或晒干。

【植物速认】多年生草本;无毛;叶多为椭圆形或长卵形;花冠浅蓝色、浅紫色或白色,花梗与花序轴成锐角。

1. 北水苦荬 2. 花 3. 茎 4. 水苦荬(药材)

忍冬科 Caprifoliaceae —— 忍冬属 *Lonicera*

忍冬

Lonicera japonica Thunb.

【植物形态】半常绿藤本。**根：**主根圆柱状，外皮灰棕色，内皮浅黄色。**茎：**幼枝暗红褐色，密被黄褐色、开展的硬直糙毛、腺毛和短柔毛，下部常无毛。**叶：**叶纸质，卵形至矩圆状卵形，有时卵状披针形，稀圆卵形或倒卵形，基部圆或近心形，上面深绿色，下面淡绿色。**花：**总花梗通常单生于小枝上部叶腋；苞片大，叶状，卵形至椭圆形；花冠白色，有时基部向阳面呈微红，后变黄色。**果：**果实圆形，熟时蓝黑色，有光泽。**种子：**种子卵圆形或椭圆形，褐色，两侧有浅的横沟纹。花期4—6月，果期10—11月。

【药材名】金银花（药用部位：花）。

【性味、归经及功用】甘，寒。归肺、心、胃经。清热解毒，疏散风热。用于痈肿疔疮、喉痹、丹毒、热毒血痢、风热感冒、温病发热。

【用法用量】煎服，6～15 g。

【采收加工】夏初花开放前采收，干燥。

【植物速认】半常绿藤本；叶卵形至矩圆状卵形，无托叶；花冠白色，后变黄色。

1. 忍冬　2、3. 花　4. 金银花（药材）

忍冬科 Caprifoliaceae —— 败酱属 *Patrinia*

糙叶败酱

Patrinia scabra Bunge

【植物形态】多年生草本,高20～60(～100)cm。**根:** 根状茎稍斜升。**茎:** 茎多数丛生。**叶:** 基生叶片倒卵长圆形、长圆形、卵形或倒卵形,茎生叶长圆形或椭圆形;叶柄短,上部叶无柄,叶较坚挺。**花:** 顶生伞房状聚伞花序;花冠黄色,漏斗状钟形;花冠较大。**果:** 瘦果倒卵圆柱状。花期7—9月,果期8—9月中旬(10月上旬)。

【药材名】墓头回(药用部位:根)。

【性味、归经及功用】苦、微酸涩,凉。归心、肝经。燥湿止带,收敛止血,清热解毒。用于赤白带下、崩漏、泄泻痢疾、黄疸、疟疾、肠痈、疮疡肿毒、跌打损伤、子宫颈癌、胃癌。

【用法用量】煎服,9～15 g。

【采收加工】秋季采挖,除去茎叶、杂质,洗净,鲜用或晒干。

【植物速认】多年生草本;有陈腐气味;叶对生;顶生伞房状聚伞花序,花冠黄色,漏斗状钟形,较大;果实翅状。

1. 糙叶败酱 2. 花 3. 果 4. 墓头回(药材)

桔梗科 Campanulaceae —— 桔梗属 *Platycodon*

桔梗

Platycodon grandiflorus (Jacq.) A. DC.

【植物形态】多年生草本。**茎**:茎通常无毛,不分枝,极少上部分枝。**叶**:叶全部轮生,部分轮生至全部互生,叶片卵形,卵状椭圆形至披针形,基部宽楔形至圆钝,上面无毛而绿色,下面常无毛而有白粉,边缘具细锯齿。**花**:单朵顶生,或数朵集成假总状花序,或有花序分枝而集成圆锥花序;花萼筒部半圆球状或圆球状倒锥形;花冠大,蓝色或紫色。**果**:蒴果球状,或球状倒圆锥形,或倒卵状。花期7—9月。

【药材名】桔梗(药用部位:根)。

【性味、归经及功用】苦、辛,平。归肺经。宣肺,利咽,祛痰,排脓。用于咳嗽痰多、胸闷不畅、咽痛音哑、肺痈吐脓。

【用法用量】煎服,3～10 g。

【采收加工】春、秋二季采挖,洗净,除去须根,趁鲜剥去外皮或不去外皮,干燥。

【植物速认】多年生草本;叶片卵形,轮生;花冠大,蓝色或紫色;蒴果球状,或球状倒圆锥形,或倒卵状。

1、2. 桔梗　3. 花　4. 桔梗(药材)

菊科 Asteraceae —— 蒿属 *Artemisia*

白莲蒿

Artemisia stechmanniana Bess.

【植物形态】半灌木状草本。**根：**根稍粗大，木质，垂直，根状茎粗壮。**茎：**茎多数，常组成小丛，褐色或灰褐色，具纵棱，下部木质，皮常剥裂或脱落。**叶：**茎下部与中部叶长卵形、三角状卵形或长椭圆状卵形，2～3回栉齿状羽状分裂，上部叶略小，1～2回栉齿状羽状分裂，苞片叶栉齿状羽状分裂或不分裂，为线形或线状披针形。**花：**头状花序近球形，下垂；外层总苞片披针形或长椭圆形，脱落无毛，中肋绿色，边缘膜质，中、内层总苞片椭圆形，近膜质或膜质，背面无毛；雌花花冠狭管状或狭圆锥状，两性花花冠管状。**果：**瘦果狭椭圆状卵形或狭圆锥形。花期8—10月，果期8—10月。

【药材名】铁杆蒿（药用部位：全草）。

【性味、归经及功用】苦，凉。归肝、肾经。清热解毒，凉血止痛。用于肝炎、阑尾炎、创伤性出血。

【用法用量】煎服，6～9 g。

【采收加工】夏季茎叶茂盛时采割，除去老茎及杂质，阴干或切段阴干。

【植物速认】半灌木状草本；叶背灰白色；头状花序近球形，下垂，雌花花冠狭管状或狭圆锥状，两性花花冠管状。

1. 白莲蒿
2. 花
3. 铁杆蒿（药材）

菊科 Asteraceae —— 蒿属 *Artemisia*

黄花蒿

Artemisia annua L.

【植物形态】一年生草本。**根:** 根单生,垂直,狭纺锤形。**茎:** 茎单生,有纵棱,幼时绿色,后变褐色或红褐色,茎、枝、叶两面及总苞片背面无毛或初时背面微有极稀疏短柔毛,后脱落无毛。**叶:** 叶纸质,绿色;茎下部叶宽卵形或三角状卵形,基部有半抱茎的假托叶;中部叶2～3回栉齿状的羽状深裂,小裂片栉齿状三角形,上部叶与苞片叶1～2回栉齿状羽状深裂,近无柄。**花:** 头状花序球形;外层总苞片长卵形或狭长椭圆形,中肋绿色,边膜质,中层、内层总苞片宽卵形或卵形;花深黄色。**果:** 瘦果小,椭圆状卵形,略扁。花期8—11月,果期8—11月。

【药材名】青蒿(药用部位:地上部分)。

【性味、归经及功用】苦、辛,寒。归肝、胆经。清虚热,除骨蒸,解暑热,截疟,退黄。用于温邪伤阴、夜热早凉、阴虚发热、骨蒸劳热、暑邪发热、疟疾寒热、湿热黄疸。

【用法用量】煎服,6～12 g。

【采收加工】秋季花盛开时采割,除去老茎,阴干。

【植物速认】一年生草本;有浓烈的挥发性香气;叶纸质,两面绿色;头状花序球形,花深黄色。

1. 黄花蒿
2. 叶
3. 青蒿(药材)

菊科 Asteraceae —— 蒿属 *Artemisia*

猪毛蒿

Artemisia scoparia Waldst. et Kit.

【植物形态】多年生草本或近一、二年生草本。**根:** 主根单一,狭纺锤形、垂直,半木质或木质化。**茎:** 通常单生,红褐色或褐色,有纵纹,茎、枝幼时被灰白色或灰黄色绢质柔毛,以后脱落。**叶:** 基生叶与营养枝叶两面被灰白色绢质柔毛。叶近圆形、长卵形,二至三回羽状全裂,具长柄,花期叶凋谢。**花:** 头状花序近球形,稀近卵球形,极多数,直径1～1.5(～2)mm,具极短梗或无梗。**果:** 瘦果倒卵形或长圆形,褐色。花果期7—10月。

【药材名】茵陈蒿(药用部位:全草)。

【性味、归经及功用】苦、辛,微寒。归脾、胃、膀胱经。清热利湿,利胆退黄。用于黄疸、小便不利、湿疮瘙痒。

【用法用量】煎服,10～15 g。

【采收加工】春、秋采收,割取地上部分,除去杂质,晒干。

【植物速认】多年生草本;植株有浓烈香气;叶近圆形、长卵形,二至三回羽状全裂。

1、2 猪毛蒿 3. 茎、叶 4. 茵陈蒿(药材)

菊科 Asteraceae —— 紫菀属 *Aster*

狗娃花

Aster hispidus Thunb.

【植物形态】一或二年生草本。**根:** 垂直的纺锤状根。**茎:** 茎高30～50 cm,有时达150 cm,单生,有时数个丛生,下部常脱毛,有分枝。**叶:** 基部及下部叶在花期枯萎,倒卵形,顶端钝或圆形,全缘或有疏齿;中部叶矩圆状披针形或条形,常全缘,条形,全部叶质薄,中脉及侧脉显明。**花:** 头状花序,排列成伞房状;总苞半球形,总苞片条状披针形,常有腺点,有舌状花和管状花,舌状花的舌片浅红色或白色,条状矩圆形。**果:** 瘦果倒卵形,扁,冠毛在舌状花极短,白色,膜片状,或部分带红色,长,糙毛状,在管状花糙毛状,初白色,后带红色。花期7—9月,果期8—9月。

【药材名】狗娃花(药用部位:根)。

【性味、归经及功用】苦,凉。归心经。清热解毒,消肿。用于疮肿、蛇咬伤。

【用法用量】煎服,6～9 g。外用适量。

【采收加工】夏、秋季采挖,洗净,鲜用或晒干。

【植物速认】一或二年生草本;叶质薄,矩圆状披针形或条形;头状花序,有舌状花和管状花,舌状花浅红色或白色。

1. 狗娃花
2. 花
3. 狗娃花(药材)

菊科 Asteraceae —— 鬼针草属 *Bidens*

鬼针草

Bidens pilosa L.

【植物形态】一年生草本。**茎:** 茎直立,钝四棱形,无毛或上部被稀疏柔毛。**叶:** 茎下部叶较小,通常在开花前枯萎,中部叶具无翅的柄,两侧小叶椭圆形或卵状椭圆形,基部近圆形或阔楔形,顶生小叶长椭圆形或卵状长圆形,上部叶小,条状披针形。**花:** 头状花序,总苞基部条状匙形,草质,外层托片披针形,干膜质,背面褐色,具黄色边缘,内层条状披针形;无舌状花,盘花筒状。**果:** 瘦果黑色,条形,略扁,具棱,具倒刺毛。

【药材名】鬼针草(药用部位:全草)。

【性味、归经及功用】苦,平。归肝、肺、大肠经。清热解毒,散瘀消肿。用于阑尾炎、肾炎、胆囊炎、肠炎、细菌性痢疾、肝炎、腹膜炎、上呼吸道感染、扁桃体炎、喉炎、闭经、烫伤、毒蛇咬伤、跌打损伤、皮肤感染、小儿惊风、疳积。

【用法用量】煎服,9～30 g,鲜品60～90 g。外用捣敷,或煎水洗。

【采收加工】夏秋间采收全草,除去泥土,晒干。

【植物速认】一年生草本;叶三出,小叶3枚;头状花序,无舌状花;瘦果黑色,条形,具棱,具倒刺毛。

1. 鬼针草
2. 花
3. 果
4. 鬼针草(药材)

菊科 Asteraceae —— 鬼针草属 *Bidens*

婆婆针

Bidens bipinnata L.

【植物形态】一年生草本。**茎:** 茎直立,下部略具四棱,无毛或上部被稀疏柔毛。**叶:** 叶对生,具柄,叶片二回羽状分裂,具1～2对缺刻或深裂,顶生裂片狭,边缘有稀疏不规整的粗齿。**花:** 头状花序,总苞杯形,外层苞片条形,草质,内层苞片膜质,椭圆形,花后伸长为狭披针形,背面褐色,具黄色边缘,托片狭披针形,舌状花舌片黄色,椭圆形或倒卵状披针形。**果:** 瘦果条形,略扁,具棱,具倒刺毛。

【药材名】鬼针草(药用部位: 全草)。

【性味、归经及功用】苦,温; 无毒。归肝、脾、大肠经。清热解毒,散瘀消肿。用于疟疾、腹泻、痢疾、肝炎、急性肾炎、胃痛、噎膈、肠痈、咽喉肿痛、跌打损伤、蛇虫咬伤。

【用法用量】煎服,25～50 g,鲜品50～100 g。外用捣敷或煎水熏洗。

【采收加工】夏、秋间采收地上部分,晒干。

【植物速认】一年生草本; 叶对生,二回羽状分裂; 头状花序,舌状花黄色; 瘦果条形,略扁,具棱,具倒刺毛。

1. 婆婆针　2. 花、果　3. 鬼针草(药材)

菊科 Asteraceae —— 飞廉属 *Carduus*

节毛飞廉
Carduus acanthoides L.

【植物形态】二年生或多年生植物，高(10～)20～100 cm。**茎：**茎单生，有条棱。**叶：**基部及下部茎叶长椭圆形或长倒披针形，羽状浅裂、半裂或深裂，全部茎叶两面同色，绿色。**花：**头状花序几无花序梗，总苞卵形或卵圆形，全部苞片无毛或被稀疏蛛丝毛；小花红紫色。**果：**瘦果长椭圆形，浅褐色，有多数横皱纹，冠毛多层，白色，或稍带褐色。花期5—10月，果期5—10月。

【药材名】飞廉(药用部位：全草)。

【性味、归经及功用】苦，凉。归肝、肾、心经。散瘀止血，清热利尿。用于感冒咳嗽、头痛眩晕、泌尿系感染、乳糜尿、白带、黄疸、风湿痹痛、吐血、衄血、尿血、月经过多、功能性子宫出血、跌打损伤、疔疮疖肿、痔疮肿痛、烧伤。

【用法用量】煎服，9～30 g，鲜品30～60 g。

【采收加工】春、夏季采收全草及花，秋季挖根，鲜用或除花阴干外，其余切段晒干。

【植物速认】二年生或多年生植物；叶羽状浅裂、半裂或深裂，两面绿色；头状花序几无花序梗，小花红紫色。

1. 节毛飞廉
2. 叶
3. 花
4. 飞廉(药材)

菊科 Asteraceae —— 菊属 *Chrysanthemum*

甘菊

Chrysanthemum lavandulifolium (Fischer ex Trautvetter) Makino

【植物形态】多年生草本，高0.3～1.5 m，有地下匍匐茎。**茎：**茎直立，自中部以上多分枝或仅上部伞房状花序分枝，茎枝有稀疏的柔毛，但上部及花序梗上的毛稍多。**叶：**基部和下部叶花期脱落，中部茎叶卵形、宽卵形或椭圆状卵形，全部叶两面同色或几同色，被稀疏或稍多的柔毛或上面几无毛。**花：**头状花序直径10～15 (～20) mm，通常多数在茎枝顶端排成疏松或稍紧密的复伞房花序；舌状花黄色，舌片椭圆形，端全缘或2～3个不明显的齿裂。**果：**瘦果长1.2～1.5 mm。花果期5—11月。

【药材名】野菊花（药用部位：花）。

【性味、归经及功用】苦、辛，微寒。归肺、肝经。清热解毒，疏风平肝。用于疔疮、痈疽、丹毒、湿疹、皮炎、风热感冒、咽喉肿痛、高血压。

【用法用量】煎服，9～24 g。

【采收加工】春、夏季采收，切段晒干。

【植物速认】多年生草本；叶二回羽状分裂；舌状花和管状花均为黄色。

1. 甘菊　2、3. 花、叶　4. 野菊花（药材）

菊科 Asteraceae —— 蓟属 *Cirsium*

刺儿菜

Cirsium arvense var. *integrifolium* C. Wimm. et Grabowski

【植物形态】多年生草本。**茎:** 茎直立。**叶:** 基生叶和中部茎叶椭圆形、长椭圆形或椭圆状倒披针形,顶端钝或圆形,基部楔形,上部茎叶渐小,椭圆形、披针形或线状披针形;全部茎叶两面同色,绿色或下面色淡,两面无毛。**花:** 头状花序单生茎端,或植株含少数或多数头状花序在茎枝顶端排成伞房花序;小花紫红色或白色。**果:** 瘦果淡黄色,椭圆形或偏斜椭圆形,压扁,顶端斜截形。花果期5—9月。

【药材名】小蓟(药用部位:全草)。

【性味、归经及功用】甘、苦,凉。归心、肝经。凉血止血,散瘀解毒消痈。用于衄血、吐血、尿血、血淋、便血、崩漏、外伤出血、痈肿疮毒。

【用法用量】煎服,5～12 g。

【采收加工】夏、秋二季花开时采割,除去杂质,洗净,稍润,切段,干燥。

【植物速认】多年生草本;叶椭圆形、长椭圆形或椭圆状倒披针形,边缘具细刺;头状花序,小花紫红色或白色。

1、2. 刺儿菜　3. 花　4. 小蓟(药材)

菊科 Asteraceae —— 金鸡菊属 *Coreopsis*

剑叶金鸡菊

Coreopsis lanceolata L.

【植物形态】多年生草本，高30～70 cm。**根：**纺锤状根。**茎：**茎直立，无毛或基部被软毛，上部有分枝。**叶：**叶较少数，在茎基部成对簇生，有长柄，叶片匙形或线状倒披针形，基部楔形，顶端钝或圆形；茎上部叶少数，全缘或三深裂，裂片长圆形或线状披针形，基部窄，顶端钝，有缘毛；上部叶无柄，线形或线状披针形。**花：**头状花序在茎端单生，径4～5 cm；舌状花黄色，舌片倒卵形或楔形；管状花狭钟形。**果：**瘦果圆形或椭圆形，长2.5～3 mm，边缘有宽翅，顶端有2短鳞片。花期5—9月。

【药材名】线叶金鸡菊(药用部位：全草)。

【性味、归经及功用】辛，平。归肝、肾经。解热毒，消痈肿。用于疮疡肿毒。

【用法用量】外用适量，捣敷。

【采收加工】夏、秋季采收，鲜用或切段晒干。

【植物速认】多年生草本；叶片匙形或线状倒披针形，对生；舌状花黄色，管状花狭钟形。

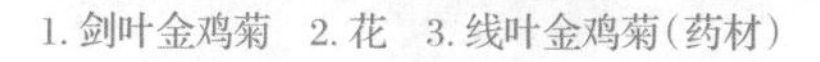

1. 剑叶金鸡菊　2. 花　3. 线叶金鸡菊(药材)

菊科 Asteraceae —— 秋英属 *Cosmos*

黄秋英

Cosmos sulphureus Cav.

【植物形态】一年生草本，高1.5～2 m。**叶：**叶2～3次羽状深裂，裂片披针形至椭圆形。**花：**头状花序2.5～5 cm；花序梗长6～25 cm；舌状花橘黄色或金黄色，先端具3齿；管状花黄色。**果：**瘦果具粗毛，连同喙长达18～25 mm，喙纤弱。春播花期6—8月，夏播花期9—10月。

【植物速认】一年生草本；叶对生，二回羽状深裂；舌状花橘黄色或金黄色，管状花黄色。

1、2. 黄秋英　3. 叶

菊科 Asteraceae —— 秋英属 *Cosmos*

秋英

Cosmos bipinnatus Cavanilles

【植物形态】一年生或多年生草本，高1～2 m。**根：**根纺锤状，多须根，或近茎基部有不定根。**茎：**茎无毛或稍被柔毛。**叶：**叶二次羽状深裂，裂片线形或丝状线形。**花：**头状花序单生；花序梗长6～18 cm；舌状花紫红色、粉红色或白色；舌片椭圆状倒卵形；管状花黄色，管部短，上部圆柱形，有披针状裂片；花柱具短突尖的附器。**果：**瘦果黑紫色，长8～12 mm，无毛，上端具长喙，有2～3尖刺。花期6—8月，果期9—10月。

【药材名】秋英（药用部位：全草）。

【性味、归经及功用】甘，平。归肝、肾经。清热解毒，明目化湿。用于急、慢性痢疾，目赤肿痛；外用治痈疮肿毒。

【用法用量】煎服，5～10 g。

【采收加工】春至秋季采挖，除去杂质，洗净，切段，干燥。

【植物速认】多年生草本；叶二次羽状深裂；头状花序单生，舌状花紫红色、粉红色或白色，管状花黄色。

1. 秋英　2～4. 花　5. 秋英（药材）

菊科 Asteraceae —— 假还阳参属 *Crepidiastrum*

尖裂假还阳参

Crepidiastrum sonchifolium (Maximowicz) Pak & Kawano

【植物形态】一年生草本，高100 cm。**茎**：茎单生，直立。**叶**：基生叶莲座状，匙形、长倒披针形或长椭圆形；中下部茎叶长椭圆形、匙状椭圆形、倒披针形或披针形；上部茎叶及接花序分枝处的叶心状披针形，基部心形扩大抱茎；全部叶两面无毛。**花**：头状花序多数，在茎枝顶端排成伞房花序或伞房圆锥花序。舌状小花黄色。**果**：瘦果黑色，长椭圆形。冠毛白色，微糙毛状。花果期3—5月。

【药材名】抱茎小苦荬（药用部位：全草）。

【性味、归经及功用】苦、辛，寒。归肺、大肠、脾、胃、肝经。清热解毒，消肿止痛。用于头痛、牙痛、吐血、衄血、痢疾、泄泻、肠痈、胸腹痛、痈疮肿毒、外伤肿痛。

【用法用量】煎服，20～50 g。

【采收加工】5—7月间采收，洗净，晒干或鲜用。

【植物速认】多年生草本；叶心形或耳状抱茎；舌状小花黄色。

1. 尖裂假还阳参　2、3. 花　4. 茎、叶　5. 尖裂假还阳参（药材）

1	2	3
	4	5

菊科 Asteraceae —— 矢车菊属 *Cyanus*

蓝花矢车菊

Cyanus segetum Hill

【植物形态】一年生或二年生草本，高30～70 cm或更高，直立，自中部分枝，极少不分枝。**茎：**全部茎枝灰白色，被薄蛛丝状卷毛。**叶：**基生叶及下部茎叶长椭圆状倒披针形或披针形，上部茎叶与中部茎叶线形、宽线形或线状披针形，全部茎叶两面异色或近异色，上面绿色或灰绿色，被稀疏蛛丝毛或脱毛，下面灰白色，被薄绒毛。**花：**头状花序多数或少数在茎枝顶端排成伞房花序或圆锥花序；边花增大，超长于中央盘花，蓝色、白色、红色或紫色，檐部5～8裂，盘花浅蓝色或红色。**果：**瘦果椭圆形，有细条纹，被稀疏的白色柔毛；冠毛白色或浅土红色，全部冠毛刚毛毛状。花果期2—8月。

【植物速认】一年生或二年生草本；叶长椭圆状披针形、线状披针形或线形；头状花序，浅蓝色或红色。

1. 矢车菊　2. 花

菊科 Asteraceae —— 鳢肠属 *Eclipta*

鳢肠

Eclipta prostrata (L.) L.

【植物形态】一年生草本。**茎:** 茎直立,斜升或平卧,高达60 cm,通常自基部分枝,被贴生糙毛。**叶:** 叶长圆状披针形或披针形,无柄或有极短的柄,长3～10 cm,宽0.5～2.5 cm,顶端尖或渐尖,边缘有细锯齿或有时仅波状,两面被密硬糙毛。**花:** 头状花序径6～8 mm,有长2～4 cm的细花序梗;外围的雌花2层,舌状,舌片短,顶端2浅裂或全缘,中央的两性花多数,花冠管状,白色,顶端4齿裂。**果:** 瘦果暗褐色,长2.8 mm,雌花的瘦果三棱形,两性花的瘦果扁四棱形,顶端截形,具1～3个细齿,基部稍缩小,边缘具白色的肋,表面有小瘤状突起,无毛。

【药材名】墨旱莲(药用部位:全草)。

【性味、归经及功用】甘、酸,寒。归肾、肝经。滋补肝肾,凉血止血。用于肝肾阴虚、牙齿松动、须发早白、眩晕耳鸣、腰膝酸软、阴虚血热、吐血、衄血、尿血、血痢、崩漏下血、外伤出血。

【用法用量】煎服,9～30 g。

【采收加工】夏、秋季割取全草,洗净泥上,去除杂质,阴干或晒干。鲜用或随采随用。

【植物速认】一年生草本;茎折断有墨色汁液;叶长圆状披针形或披针形;花冠管状,白色;瘦果暗褐色。

1. 鳢肠 2. 花 3. 果 4. 墨旱莲(药材)

菊科 Asteraceae —— 飞蓬属 *Erigeron*

小蓬草

Erigeron canadensis L.

【植物形态】一年生草本。**根:** 根纺锤状,具纤维状根。**茎:** 茎直立,圆柱状,多少具棱,有条纹。**叶:** 叶密集,基部叶花期常枯萎,下部叶倒披针形,顶端尖或渐尖,基部渐狭成柄,边缘具疏锯齿或全缘,中部和上部叶较小,线状披针形或线形。**花:** 头状花序多数,排列成顶生多分枝的大圆锥花序;总苞片淡绿色,线状披针形或线形,顶端渐尖,无毛;花托平。**果:** 瘦果线状披针形,冠毛污白色。花期5—9月。

【药材名】小飞蓬(药用部位:全草)。

【性味、归经及功用】微苦、辛,凉。归肝、胆、胃、大肠经。清热利湿,散瘀消肿。用于痢疾、肠炎、肝炎、胆囊炎、跌打损伤、风湿骨痛、疮疖肿痛、外伤出血、牛皮癣。

【用法用量】煎服,15～30 g。外用适量,捣敷。

【采收加工】春、夏季采收,鲜用或切段晒干。

【植物速认】一年生草本;叶倒披针形;头状花序多数,排列成顶生多分枝的大圆锥花序;瘦果线状披针形,冠毛污白色。

1、2. 小蓬草 3. 花 4. 小飞蓬(药材)

菊科 Asteraceae —— 飞蓬属 *Erigeron*

一年蓬

Erigeron annuus (L.) Pers.

【植物形态】一年生或二年生草本。**茎：**茎粗壮，上部有分枝，绿色，下部被开展的长硬毛，上部被较密的上弯的短硬毛。**叶：**基部叶花期枯萎，长圆形或宽卵形，顶端尖或钝，基部狭成具翅的长柄，边缘具粗齿，下部叶与基部叶同形，但叶柄较短，长圆状披针形或披针形。**花：**头状花序数个或多数，排列成疏圆锥花序，总苞半球形，总苞片披针形，淡绿色或多少褐色；外围的雌花舌状，白色，或有时淡天蓝色，中央的两性花管状，黄色。**果：**瘦果披针形。花期6—9月。

【药材名】一年蓬（药用部位：全草）。

【性味、归经及功用】甘、苦，凉。归胃、大肠经。消食止泻，清热解毒，截疟。用于消化不良、肠胃炎、齿龈炎、疟疾、毒蛇咬伤。

【用法用量】煎服，30～60 g。外用适量，捣敷。

【采收加工】夏、秋季采收，洗净，鲜用或晒干。

【植物速认】一年生或二年生草本；叶长圆状披针形或披针形；头状花序数个或多数，排列成疏圆锥花序，雌花舌状，白色，中央的两性花管状，黄色。

1. 一年蓬　2. 花　3. 一年蓬（药材）

菊科 Asteraceae —— 天人菊属 *Gaillardia*

天人菊

Gaillardia pulchella Foug.

【植物形态】一年生草本，高20～60 cm。**茎：**茎中部以上多分枝，分枝斜升，被短柔毛或锈色毛。**叶：**下部叶匙形或倒披针形，边缘波状钝齿、浅裂至琴状分裂，先端急尖，近无柄，上部叶长椭圆形，倒披针形或匙形，全缘或上部有疏锯齿或中部以上3浅裂，基部无柄或心形半抱茎，叶两面被伏毛。**花：**头状花序径5 cm；舌状花黄色，基部带紫色，舌片宽楔形，顶端2～3裂；管状花裂片三角形，顶端渐尖成芒状，被节毛。**果：**瘦果长2 mm，基部被长柔毛；冠毛长5 mm。花果期6—8月。

【植物速认】一年生草本；叶匙形或倒披针形，互生；舌状花黄色，管状花裂片三角形。

1、4. 天人菊　2、3. 花

1	2
3	4

菊科 Asteraceae —— 牛膝菊属 *Galinsoga*

牛膝菊

Galinsoga parviflora Cav.

【植物形态】一年生草本，高10～80 cm。**茎：**茎纤细，不分枝或自基部分枝，分枝斜升，全部茎枝被疏散或上部稠密的贴伏短柔毛和少量腺毛，茎基部和中部花期脱毛或稀毛。**叶：**叶对生，卵形或长椭圆状卵形，基部圆形、宽或狭楔形，顶端渐尖或钝，有叶柄，全部茎叶两面粗涩，被白色稀疏贴伏的短柔毛，沿脉和叶柄上的毛较密，边缘浅、钝锯齿或波状浅锯齿，在花序下部的叶有时全缘或近全缘。**花：**头状花序半球形，有长花梗，多数在茎枝顶端排成疏松的伞房花序，花序径约3 cm；托片倒披针形或长倒披针形，纸质，顶端3裂、不裂或侧裂。**果：**瘦果长1～1.5 mm，三棱或中央的瘦果4～5棱，黑色或黑褐色，常压扁，被白色微毛。花果期7—10月。

【药材名】辣子草(药用部位：全草)。

【性味、归经及功用】淡，平。归肺、膀胱、肝、胆经。清热解毒，止咳平喘，止血。用于扁桃体炎、咽喉炎、急性黄疸型肝炎。

【用法用量】煎服，30～60 g。外用适量，研磨敷。

【采收加工】夏、秋季采收，洗净，鲜用或晒干。

【植物速认】一年生草本；叶对生，卵形或长椭圆状卵形；头状花序，舌状花冠毛毛状，脱落，管状花冠毛膜片状，白色。

1. 牛膝菊　2. 茎　3. 花

菊科 Asteraceae —— 泥胡菜属 *Hemisteptia*

泥胡菜

Hemisteptia lyrata (Bunge) Fischer & C. A. Meyer

【植物形态】一年生草本，高30～100 cm。**茎：**茎单生，很少簇生，通常纤细，被稀疏蛛丝毛，上部长分枝，少有不分枝。**叶：**基生叶长椭圆形或倒披针形，花期通常枯萎，中下部茎叶与基生叶同形，全部叶大头羽状深裂或几全裂，全部茎叶质地薄，两面异色，上面绿色，无毛，下面灰白色，被厚或薄绒毛，**花：**头状花序在茎枝顶端排成疏松伞房花序，少有植株仅含一个头状花序而单生茎顶，小花紫色或红色。**果：**瘦果小，楔状或偏斜楔形，深褐色，压扁，有13～16条粗细不等的突起的尖细肋，顶端斜截形，有膜质果缘，基底着生面平或稍见偏斜，冠毛异型，白色。花果期3—8月。

【药材名】泥胡菜（药用部位：全草）。

【性味、归经及功用】辛、苦，寒。归肺、肝、脾经。清热解毒，散结消肿。用于痔漏、痈肿疔疮、乳痈、淋巴结炎、风疹瘙痒、外伤出血、骨折。

【用法用量】煎服，9～15 g。外用适量，鲜草捣烂敷患处或煎水外洗患处。

【采收加工】夏、秋季采集，洗净，鲜用或晒干。

【植物速认】一年生草本；叶大头羽裂，背面灰白色；小花紫色或红色。

1. 泥胡菜　2、3. 果　4. 花　5. 泥胡菜（药材）

菊科 Asteraceae —— 向日葵属 *Helianthus*

向日葵

Helianthus annuus L.

【植物形态】一年生高大草本。**茎:** 茎直立,高1～3 m,粗壮,被白色粗硬毛,不分枝或有时上部分枝。**叶:** 叶互生,心状卵圆形或卵圆形,顶端急尖或渐尖,有三基出脉,边缘有粗锯齿,两面被短糙毛,有长柄。**花:** 头状花序极大,径10～30 cm,单生于茎端或枝端;舌状花多数,黄色,长圆状卵形或长圆形,不结实;管状花极多数,棕色或紫色,结果实。**果:** 瘦果倒卵形或卵状长圆形,稍扁压,长10～15 mm,有细肋,常被白色短柔毛,上端有2个膜片状早落的冠毛。花期7—9月,果期8—9月。

【药材名】向日葵子(药用部位:种子);向日葵叶(药用部位:叶);向日葵花(药用部位:花)。

【性味、归经及功用】向日葵子:甘,平。归肺、大肠经。透疹,止痢,透痈脓。用于疹发不透、血痢、慢性骨髓炎。向日葵叶:淡、苦,平。归肝、胃经。平肝潜阳,消食健胃。用于高血压、头痛、眩晕、胃脘胀满、嗳腐吞酸、腹痛。向日葵花:甘,寒。归肝经。清热,平肝,止痛,止血。用于高血压、头痛、头晕、耳鸣、脘腹痛、痛经、子宫出血、疮疹。

【用法用量】向日葵子:煎服,15～30 g,捣碎或开水炖。外用适量,捣敷或榨油涂。向日葵叶:煎服,15～30 g。向日葵花:煎服,15～60 g。

【采收加工】向日葵子:秋季果实成熟后,割取花盘,晒干,打下果实,再晒干。向日葵叶:夏、秋二季采收,干燥。向日葵花:秋季采收,去净果实,鲜用或晒干。

【植物速认】一年生高大草本;叶互生,心状卵圆形;舌状花黄色,管状花棕色或紫色;瘦果倒卵形或卵状长圆形,果实可食(瓜子)。

1、2. 向日葵
3. 花
4. 向日葵盘(药材)
5. 向日葵花(药材)

菊科 Asteraceae —— 旋覆花属 *Inula*

旋覆花

Inula japonica Thunb.

【植物形态】多年生草本。**根：**根状茎短，横走或斜升，有粗壮的须根。**茎：**茎单生，有时2～3个簇生，直立，高30～70 cm。**叶：**基部叶常较小，在花期枯萎；中部叶长圆形，长圆状披针形或披针形，无柄，顶端稍尖或渐尖，边缘有小尖头状疏齿或全缘，上面有疏毛或近无毛，下面有疏伏毛和腺点；上部叶渐狭小，线状披针形。**花：**头状花序径3～4 cm，多数或少数排列成疏散的伞房花序；花序梗细长；舌状花黄色，舌片线形；管状花有三角披针形裂片。**果：**瘦果长1～1.2 mm，圆柱形，有10条沟，顶端截形，被疏短毛。花期6—10月，果期9—11月。

【药材名】金沸草（药用部位：花）。

【性味、归经及功用】苦、辛、咸，温。归肺、大肠经。降气，消痰，行水。用于外感风寒、痰饮蓄结、咳喘痰多、胸膈痞满。

【用法用量】煎服，5～10 g。

【采收加工】夏、秋二季采割，除去杂质，略洗，切段，干燥。

【植物速认】多年生草本；叶长圆形，长圆状披针形或披针形，抱茎不明显；舌状花黄色。

1	2
3	4

1. 旋覆花
2、3. 花
4. 金沸草（药材）

菊科 Asteraceae —— 苦荬菜属 *Ixeris*

中华苦荬菜

Ixeris chinensis (Thunb.) Nakai

【植物形态】多年生草本，高5～47 cm。**根：**根垂直直伸，通常不分枝。**茎：**茎直立单生或少数茎成簇生，基部直径1～3 mm，上部伞房花序状分枝。**叶：**基生叶长椭圆形、倒披针形、线形或舌形，全缘，不分裂；茎生叶2～4枚，极少1枚或无茎叶，长披针形或长椭圆状披针形，不裂，边缘全缘，顶端渐狭，基部扩大；全部叶两面无毛。**花：**头状花序通常在茎枝顶端排成伞房花序，含舌状小花21～25枚；舌状小花黄色，干时带红色。**果：**瘦果褐色，长椭圆形，有10条高起的钝肋，肋上有上指的小刺毛，顶端急尖成细喙，喙细，细丝状；冠毛白色，微糙。花果期1—10月。

【药材名】中华小苦荬（药用部位：全草）。

【性味、归经及功用】苦，寒。归肺、肝、胆、大肠经。清热解毒，凉血止痛，消肿排脓。用于咽喉肿痛、肺热咳嗽、肠炎、胆囊炎、盆腔炎、疮疖肿毒、阴囊湿疹、跌打损伤。

【用法用量】煎服，10～15 g。

【采收加工】早春采收，除去杂质，洗净，切段，干燥。

【植物速认】多年生草本；叶长椭圆形、倒披针形、线形或舌形，羽裂；头状花序，舌状小花黄色，干时带红色；瘦果褐色，长椭圆形。

1. 中华苦荬菜　2、3. 花　4. 果　5. 中华苦荬菜（药材）

菊科 Asteraceae —— 麻花头属 *Klasea*

麻花头

Klasea centauroides (L.) Cass.

【植物形态】多年生草本，高40～100 cm。**根茎：** 根状茎横走，黑褐色。茎直立，上部少分枝或不分枝，中部以下被稀疏的或稠密的节毛，基部被残存的纤维状撕裂的叶柄。**叶：** 叶长椭圆形，羽状深裂，全部叶两面粗糙，两面被多细胞长或短节毛。**花：** 头状花序少数，单生茎枝顶端，但不形成明显的伞房花序式排列，或植株含1个头状花序，单生茎端，花序梗或花序枝伸长，几裸露，无叶；全部小花红色、红紫色或白色。**果：** 瘦果楔状长椭圆形，褐色，有4条高起的肋棱，冠毛褐色或略带土红色；冠毛刚毛糙毛状，分散脱落。花果期6—9月。

【植物速认】多年生草本；叶长椭圆形，羽状深裂；全部小花红色、红紫色或白色，单生枝端。

1. 麻花头　2. 花

菊科 Asteraceae —— 金光菊属 *Rudbeckia*

黑心金光菊

Rudbeckia hirta L.

【植物形态】一年或二年生草本，高30～100 cm。**茎：**茎不分枝或上部分枝，全株被粗刺毛。**叶：**下部叶长卵圆形，长圆形或匙形，顶端尖或渐尖，基部楔状下延，有三出脉，边缘有细锯齿，有具翅的柄；上部叶长圆披针形，顶端渐尖，边缘有细至粗疏锯齿或全缘，无柄或具短柄，两面被白色密刺毛。**花：**头状花序径5～7 cm，有长花序梗；花托圆锥形；托片线形，对折呈龙骨瓣状，边缘有纤毛；舌状花鲜黄色，管状花暗褐色或暗紫色。**果：**瘦果四棱形，黑褐色，无冠毛。

【药材名】黑心金光菊（药用部位：花）。

【性味、归经及功用】苦，寒。归胃、大肠经。清热解毒。用于湿热蕴结于胃肠之腹痛、泄泻、里急后重。

【用法用量】煎服，9～12 g。

【采收加工】通常在每年8—9月间，选择瘦果大部分成熟的头状花序剪下，把它们晒干后置于干燥阴凉处，集中去杂。

【植物速认】一年或二年生草本；叶互生；头状花序，舌状花鲜黄色，管状花暗褐色或暗紫色。

1. 黑心金光菊
2. 花
3. 黑心金光菊（药材）

菊科 Asteraceae —— 鸦葱属 *Scorzonera*

桃叶鸦葱

Scorzonera sinensis Lipsch. et Krasch. ex Lipsch.

【植物形态】多年生草本,高5～53 cm。**根:** 根垂直直伸,粗壮,粗达1.5 cm,褐色或黑褐色,通常不分枝,极少分枝。**茎:** 茎直立,簇生或单生,不分枝,光滑无毛;茎基被稠密的纤维状撕裂的鞘状残遗物。**叶:** 基生叶宽卵形、宽披针形、宽椭圆形、倒披针形、椭圆状披针形、线状长椭圆形或线形,顶端急尖、渐尖或钝或圆形,向基部渐狭成长或短柄;茎生叶少数,鳞片状,披针形或钻状披针形,基部心形,半抱茎或贴茎。**花:** 头状花序单生茎顶,舌状小花黄色。**果:** 瘦果圆柱状,有多数高起纵肋,肉红色,无毛,无脊瘤;冠毛污黄色,大部羽毛状,羽枝纤细,蛛丝毛状,上端为细锯齿状;冠毛与瘦果连接处有蛛丝状毛环。花果期4—9月。

【药材名】老虎嘴(药用部位:根)。

【性味、归经及功用】辛,凉。归肺、肝经。疏风清热,解毒。用于风热感冒、咽喉肿痛、乳痈、疔疮。

【用法用量】煎服,9～15 g。

【采收加工】夏季采挖,洗净,晒干。

【植物速认】多年生草本;叶披针形或宽卵形,边缘强烈皱波状;舌状小花黄色。

1. 桃叶鸦葱
2. 花
3. 老虎嘴(药材)

菊科 Asteraceae —— 苦苣菜属 *Sonchus*

苦苣菜

Sonchus oleraceus L.

【植物形态】一年生或二年生草本。**根：**根圆锥状，垂直直伸，有多数纤维状的须根。**茎：**茎直立，单生，高40～150 cm，有纵条棱或条纹，不分枝或上部有短的伞房花序状或总状花序式分枝，全部茎枝光滑无毛，或上部花序分枝及花序梗被头状具柄的腺毛。**叶：**叶羽状深裂或大头状羽状深裂，全形椭圆形或倒披针形；叶边缘大部全缘或上半部边缘全缘，顶端急尖或渐尖，两面光滑毛，质地薄。**花：**头状花序少数在茎枝顶端排紧密的伞房花序或总状花序或单生茎枝顶端；总苞宽钟状，全部总苞片顶端长急尖，外面无毛或外层或中内层上部沿中脉有少数头状具柄的腺毛；舌状小花多数，黄色。**果：**瘦果褐色，长椭圆形或长椭圆状倒披针形，压扁，每面各有3条细脉，肋间有横皱纹，顶端狭，无喙，冠毛白色，单毛状，彼此纠缠。花果期5—12月。

【药材名】苦菜(药用部位：全草)。

【性味、归经及功用】苦，寒。归心、脾、胃、大肠经。清热解毒，凉血止血。用于肠炎、痢疾、黄疸、淋证、咽喉肿痛、痈疮肿毒、乳腺炎、痔瘘、吐血、衄血、咯血、尿血、便血、崩漏。

【用法用量】煎服，15～30 g。外用适量，鲜品捣敷，或煎汤熏洗，或取汁涂搽。

【采收加工】冬、春、夏三季均可采收，鲜用或晒干。

【植物速认】一年生或二年生草本；具白色乳汁；叶羽状深裂或大头羽裂；舌状小花，黄色。

1. 苦苣菜
2. 花
3. 苦菜(药材)

菊科 Asteraceae —— 万寿菊属 *Tagetes*

万寿菊

Tagetes erecta L.

【植物形态】一年生草本，高50～150 cm。**茎：** 茎直立，粗壮，具纵细条棱，分枝向上平展。**叶：** 叶羽状分裂，裂片长椭圆形或披针形，边缘具锐锯齿，上部叶裂片的齿端有长细芒；沿叶缘有少数腺体。**花：** 头状花序单生，花序梗顶端棍棒状膨大；舌状花黄色或暗橙色；舌片倒卵形，基部收缩成长爪，顶端微弯缺；管状花花冠黄色，顶端具5齿裂。**果：** 瘦果线形，黑色或褐色，被短微毛。花期7—9月。

【药材名】万寿菊花（药用部位：花）。

【性味、归经及功用】苦，凉。归心、肺经。平肝解热，祛风化痰。用于头晕目眩、头风眼痛、小儿惊风、感冒咳嗽、顿咳、乳痛、痄腮。

【用法用量】煎服，3～9 g。外用适量，煎水熏洗，或研粉调敷，或鲜品捣敷。

【采收加工】秋、冬季采花，鲜用或晒干。

【植物速认】一年生草本；叶羽状分裂；头状花序单生，舌状花黄色或暗橙色。

1	2
3	4

1、3. 万寿菊　2. 花　4. 万寿菊花（药材）

菊科 Asteraceae —— 蒲公英属 *Taraxacum*

蒲公英

Taraxacum mongolicum Hand.-Mazz.

【植物形态】多年生草本。**根：** 根圆柱状，黑褐色，粗壮。**叶：** 叶倒卵状披针形、倒披针形或长圆状披针形，先端钝或急尖，边缘有时具波状齿或羽状深裂，有时倒向羽状深裂或大头羽状深裂，顶端裂片较大，三角形或三角状戟形，全缘或具齿。**花：** 花葶1至数个，上部紫红色，密被蛛丝状白色长柔毛；头状花序直径30～40 mm；舌状花黄色，边缘花舌片背面具紫红色条纹；花药和柱头暗绿色。**果：** 瘦果倒卵状披针形，暗褐色，上部具小刺，下部具成行排列的小瘤，顶端逐渐收缩为长约1 mm的圆锥至圆柱形喙基，纤细；冠毛白色。花期4—9月，果期5—10月。

【药材名】蒲公英（药用部位：全草）。

【性味、归经及功用】苦、甘，寒。归肝、胃经。清热解毒，消肿散结，利尿通淋。用于疔疮肿毒、乳痈、瘰疬、目赤、咽痛、肺痈、肠痈、湿热黄疸、热淋涩痛。

【用法用量】煎服，10～15 g。

【采收加工】春至秋季花初开时采挖，除去杂质，洗净，切段，干燥。

【植物速认】多年生草本；叶倒卵状披针形、倒披针形或长圆状披针形，倒向羽状深裂或大头羽状深裂；头状花序，舌状花黄色；果序近球状，瘦果倒卵状披针形，暗褐色。

1. 蒲公英　2. 花　3. 果　4. 蒲公英（药材）

菊科 Asteraceae —— 苍耳属 *Xanthium*

苍耳

Xanthium strumarium L.

【植物形态】一年生草本,高20～90 cm。**根:** 根纺锤状,分枝或不分枝。**茎:** 直立不枝或少有分枝,下部圆柱形,上部有纵沟。**叶:** 叶三角状卵形或心形,顶端尖或钝,基部稍心形或截形,边缘有不规则的粗锯齿,上面绿色,下面苍白色。**花:** 雄性的头状花序球形;花冠钟形,雌性的头状花序椭圆形;外层总苞片小,披针形,绿色、淡黄绿色或有时带红褐色,在瘦果成熟时变坚硬,外面有疏生的具钩状的刺,喙坚硬,锥形,上端略呈镰刀状。**果:** 瘦果2,倒卵形。花期7—8月,果期9—10月。

【药材名】苍耳子(药用部位:果);苍耳草(药用部位:地上部分)。

【性味、归经及功用】苍耳子:辛、苦,温;有毒。归肺经。散风寒,通鼻窍,祛风湿。用于风寒头痛、鼻塞流涕、鼻鼽、鼻渊、风疹瘙痒、湿痹拘挛。苍耳草:苦、辛,寒;有毒。归肺、脾、肝经。祛风散热,解毒杀虫,通鼻窍。用于头风鼻渊、目赤目翳、皮肤瘙痒、麻风病、疔疮、疥癣、痔疮。

【用法用量】苍耳子:煎服,3～10 g。苍耳草:煎服,9～15 g。

【采收加工】苍耳子:秋季果实成熟时采收,干燥,除去梗、叶等杂质。苍耳:夏、秋二季未开花时采割,除去杂质,鲜用或晒干。

【植物速认】一年生草本;叶三角状卵形或心形;雄性的头状花序球形,花冠钟形,雌性的头状花序椭圆形,外层总苞片小,成熟时变坚硬,具钩状的刺。

1	2
3	4

1. 苍耳　2. 果　3. 苍耳子(药材)　4. 苍耳草(药材)

菊科 Asteraceae —— 百日菊属 *Zinnia*

百日菊

Zinnia elegans Jacq.

【植物形态】一年生草本。**茎：**茎直立，被糙毛或长硬毛。**叶：**叶宽卵圆形或长圆状椭圆形，基部稍心形抱茎，两面粗糙，下面被密的短糙毛，基出三脉。**花：**头状花序，舌状花深红色、玫瑰色、紫堇色或白色，舌片倒卵圆形，管状花黄色或橙色，上面被黄褐色密茸毛。**果：**雌花瘦果倒卵圆形，管状花瘦果倒卵状楔形，顶端有短齿。**种子：**种子长圆形，黑褐色。花期6—9月，果期7—10月。

【药材名】百日草（药用部位：全草）。

【性味、归经及功用】苦、辛，凉。归膀胱经。清热，利湿，解毒。用于湿热痢疾、淋证、乳痈疖肿。

【用法用量】煎服，15～30 g。

【采收加工】春、夏季采收，鲜用或切段晒干。

【植物速认】一年生草本；叶宽卵圆形或长圆状椭圆形；头状花序，舌状花深红色、玫瑰色、紫堇色或白色，管状花黄色或橙色。

1. 百日菊　2～4. 花　5. 百日草（药材）

1	2	3
	4	5

百合科 Liliaceae —— 百合属 *Lilium*

山丹

Lilium pumilum DC.

【植物形态】多年生草本。**茎:** 鳞茎卵形或圆锥形；鳞片矩圆形或长卵形，白色；茎高15～60 cm，有小乳头状突起，有的带紫色条纹。**叶:** 叶无柄；线形或线状披针形，中部以上较狭，长2～7 cm，宽3～6 mm，先端尖。**花:** 花直生，单一或在茎顶分三四枝，各生一花；花直径5～7.5 cm，鲜红色；花被6片，披针形，不反卷，基部内侧具黑紫色斑点。**果:** 蒴果长圆状椭圆形，长约2 cm，具钝棱，顶端平坦。**种子:** 近圆形，扁平。花期7—8月，果期8—9月。

【药材名】百合(药用部位: 鳞茎)。

【性味、归经及功用】甘、苦，凉。归心、肺经。养阴润肺，清心安神。用于阴虚燥咳、劳嗽咳血、虚烦惊悸、失眠多梦、精神恍惚。

【用法用量】煎服，15～30 g。

【采收加工】8—9月间挖取鳞茎，除去茎叶，洗净泥土，将鳞叶剥下晒干，或用沸水捞过，晒干。

【植物速认】多年生草本；叶线形或线状披针形；花鲜红色，花被片反卷，无斑点；蒴果长圆状椭圆形。

1	2
3	4

1. 山丹
2. 花
3. 叶
4. 百合(药材)

天门冬科 Asparagaceae —— 知母属 *Anemarrhena*

知母

Anemarrhena asphodeloides Bunge

【植物形态】多年生草本。全株无毛。**根：**根茎横生，粗壮。**叶：**叶形向先端渐尖而成近丝状，基部渐宽而成鞘状，具多条平行脉。**花：**总状花序较长，花粉红色、淡紫色；苞片小，卵形或卵圆形，先端长渐尖。**果：**蒴果狭椭圆形，长8～13 mm，宽5～6 mm，顶端有短喙。**种子：**种子长7～10 mm。花果期6—9月。

【药材名】知母（药用部位：根茎）。

【性味、归经及功用】苦、甘，寒。归肺、胃、肾经。清热泻火，滋阴润燥。用于外感热病、高热烦渴、肺热燥咳、骨蒸潮热、内热消渴、肠燥便秘。

【用法用量】煎服，6～12 g。

【采收加工】春、秋二季采挖，除去须根和泥沙，晒干；或除去外皮，晒干。

【植物速认】多年生草本；根状茎；叶基生，禾叶状；总状花序，花紫红色；蒴果狭椭圆形。

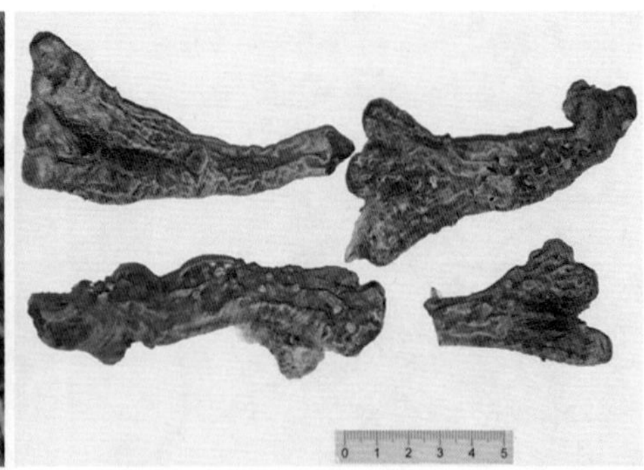

1. 知母　2、3. 茎、果　4. 知母（药材）

1 | 2 | 3 | 4

天门冬科 Asparagaceae —— 天门冬属 *Asparagus*

曲枝天门冬

Asparagus trichophyllus Bunge

【植物形态】草本，近直立，高60～100 cm。**根：**根较细，粗2～3 mm。**茎：**茎平滑，中部至上部强烈迴折状，有时上部疏生软骨质齿；分枝先下弯而后上升，靠近基部这一段形成强烈弧曲，有时近半圆形，上部迴折状，小枝多少具软骨质齿。**叶：**叶状枝通常每5～8枚成簇，刚毛状，略有4～5棱，稍弧曲，通常稍伏贴于小枝上，有时稍具软骨质齿；茎上的鳞片状叶基部有长1～3 mm的刺状距，极少成为硬刺，分枝上的距不明显。**花：**花每2朵腋生，绿黄色而稍带紫色；雄花：花被长6～8 mm；花丝中部以下贴生于花被片上；雌花较小，花被长2.5～3.5 mm。**果：**浆果直径6～7 mm，熟时红色。**种子：**3～5颗。花期5月，果期7月。

【药材名】曲枝天门冬（药用部位：块根）。

【性味、归经及功用】甘、苦，凉。归肝经。祛风除湿。用于风湿性腰腿疼、局部性浮肿。

【用法用量】煎服，9～12 g。外用捣敷患处。

【采收加工】春、秋季采收，除去泥土，晒干。

【植物速认】草本；叶状枝通常每5～8枚成簇，稍弧曲；花绿黄色而稍带紫色；浆果熟时红色。

1. 曲枝天门冬　2. 叶　3. 果　4. 曲枝天门冬（药材）

天门冬科 Asparagaceae —— 玉簪属 *Hosta*

玉簪

Hosta plantaginea (Lam.) Aschers.

【植物形态】多年生宿根植物。**茎：**根状茎粗厚，粗1.5～3 cm。**叶：**叶卵状心形、卵形或卵圆形，长14～24 cm，宽8～16 cm，先端近渐尖，基部心形，具6～10对侧脉；叶柄长20～40 cm。**花：**花葶高40～80 cm，具几朵至十几朵花；花单生或2～3朵簇生，长10～13 cm，白色，芳香；雄蕊与花被近等长或略短，基部15～20 cm贴生于花被管上。**果：**蒴果圆柱状，有三棱，长约6 cm，直径约1 cm。花果期8—10月。

【药材名】玉簪花（药用部位：花）；玉簪根（药用部位：根）。

【性味、归经及功用】玉簪花：甘，凉。归胃、肺、肝经。清热解毒，止咳利咽。用于肺热、咽喉肿痛、胸热、毒热。玉簪根：甘，凉。归胃、肺、肝经。消肿，解毒，止血。用于痈肿疮疡、乳痈瘰疬、咽喉肿痛、骨鲠。

【用法用量】玉簪花：煎服，3～6 g。外用适量，捣敷。玉簪根：煎服，9～15 g；鲜品倍量，捣汁。外用适量，捣敷。

【采收加工】玉簪花：在7—8月份花似开非开时采摘，晒干。玉簪根：秋季采挖，除去茎叶、须根，洗净，鲜用或切片晾干。

【植物速认】多年生宿根植物；叶卵状心形、卵形或卵圆形；花白色；蒴果圆柱状，有三棱。

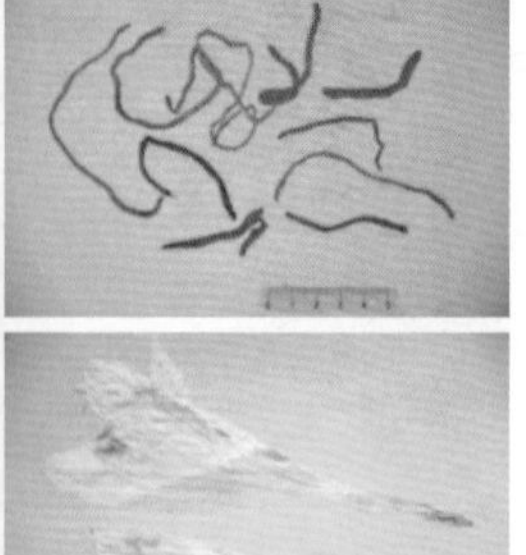

1. 玉簪　2. 花　3. 玉簪根（药材）　4. 玉簪花（药材）

阿福花科 Asphodelaceae —— 萱草属 *Hemerocallis*

小萱草

Hemerocallis dumortieri Morr.

【植物形态】多年生草本。**根：**根较粗，多少肉质。**花：**本种花较小，长5～7 cm；内花被裂片较窄，披针形，宽1.2 cm；花蕾上部带红褐色；花葶明显短于叶；苞片较狭，卵状披针形。**果：**蒴果近圆形。

【药材名】小萱草（药用部位：根）。

【性味、归经及功用】甘、凉。归心经。清热利尿，凉血止血。用于腮腺炎、黄疸、膀胱炎、尿血、小便不利、乳汁缺乏、月经不调、衄血、便血。

【用法用量】煎服，10～20 g。

【采收加工】夏、秋采挖，除去残茎、须根，洗净泥土，晒干。

【植物速认】多年生草本；花橘黄色，花葶明显短于叶；蒴果近圆形。

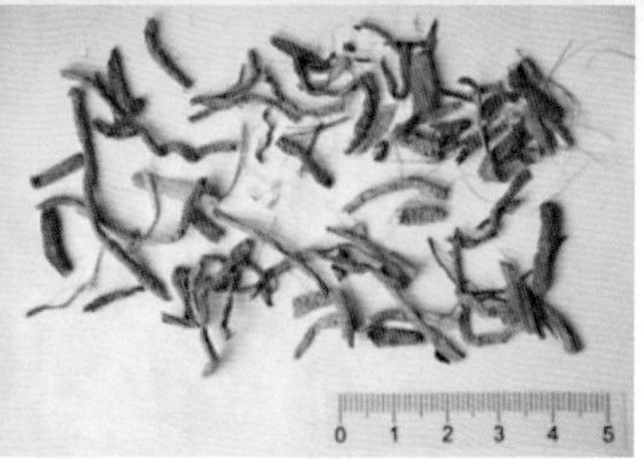

1. 小萱草　2. 花　3. 小萱草（药材）

石蒜科 Amaryllidaceae —— 葱属 *Allium*

薤白

Allium macrostemon Bunge

【植物形态】**茎:** 鳞茎近球状，基部常具小鳞茎；鳞茎外皮带黑色。**叶:** 叶3～5枚，半圆柱状，或因背部纵棱发达而为三棱状半圆柱形，中空，上面具沟槽，比花葶短。**花:** 伞形花序半球状至球状，花葶圆柱状；花淡紫色或淡红色；花柱伸出花被外。花果期5—7月。

【药材名】薤白(药用部位：鳞茎)。

【性味、归经及功用】辛、苦，温。归心、肺、胃、大肠经。通阳散结，行气导滞。用于胸痹心痛、脘腹痞满胀痛、泻痢后重。

【用法用量】煎服，5～10 g。

【采收加工】夏、秋二季采挖，洗净，除去须根，蒸透或置沸水中烫透，晒干。

【植物速认】鳞茎近球状；叶3～5枚，半圆柱状，中空；花淡紫色或淡红色，具珠芽。

1. 薤白　2. 花　3. 薤白(药材)

鸢尾科 Iridaceae —— 鸢尾属 *Iris*

马蔺

Iris lactea Pall.

【植物形态】多年生草本。**根**：根状茎粗壮，木质，斜伸，须根粗而长，黄白色，少分枝。**茎**：光滑，草质，绿色。**叶**：叶基生，坚韧，灰绿色，条形或狭剑形，基部鞘状，带红紫色，无明显中脉。**花**：花为浅蓝色、蓝色或蓝紫色；花被上有较深色的条纹。**果**：蒴果长椭圆状柱形，有6条明显的肋，顶端有短喙。**种子**：种子为不规则的多面体，棕褐色，略有光泽。花期5—6月，果期6—9月。

【药材名】马蔺花（药用部位：花）；马蔺子（药用部位：种子）。

【性味、归经及功用】马蔺花：咸、酸、微苦，凉。归胃、脾、肺、肝经。清热解毒，止血，利尿。用于喉解、吐血、衄血、小便不利、淋病。马蔺子：甘，平。归脾、胃、大肠经。清热利湿，凉血止血。用于黄疸、痢疾、吐血、衄血、血崩。

【用法用量】马蔺花：煎服，5～9 g。马蔺子：煎服，3～9 g，用时捣碎。外用适量，捣敷。

【采收加工】马蔺花：夏季花开后，择晴天采摘，阴干。马蔺子：秋季采收果实，晒干，搓出种子，颠净，干燥。

【植物速认】多年生草本；叶基生，条形或狭剑形；花蓝色；蒴果长椭圆状柱形，有6条明显的肋。

1. 马蔺　2. 果　3. 花　4. 马蔺子（药材）

鸢尾科 Iridaceae —— 鸢尾属 *Iris*

鸢尾

Iris tectorum Maxim.

【植物形态】多年生草本。**根:** 根状茎粗壮,二歧分枝,斜伸。**茎:** 光滑,绿色,草质,边缘膜质,色淡。**叶:** 叶基生,黄绿色,宽剑形,顶端渐尖或短渐尖,基部鞘状。**花:** 花蓝紫色,外花被裂片圆形或宽卵形,中脉上有不规则的鸡冠状附属物,内花被裂片椭圆形。**果:** 蒴果长椭圆形或倒卵形,有6条明显的肋。**种子:** 种子黑褐色,梨形。花期4—5月,果期6—8月。

【药材名】川射干(药用部位: 根茎)。

【性味、归经及功用】苦,寒; 有小毒。归肺、胃、肝经。清热解毒,消痰,利咽,消积。用于咽喉肿痛、痰咳气喘、食滞胀痛。

【用法用量】煎服,6～15 g。

【采收加工】春、秋二季采挖,除去杂质,晒至半干用火烧去须根(随时翻动,以免烧焦外皮),除去灰渣,再晒干。

【植物速认】多年生草本; 叶黄绿色,宽剑形,稍弯曲; 花蓝紫色; 蒴果长椭圆形或倒卵形。

1. 鸢尾　2. 花　3. 果　4. 川射干(药材)

灯心草科 Juncaceae —— 灯心草属 *Juncus*

圆柱叶灯心草

Juncus prismatocarpus subsp. *teretifolius* K. F. Wu

【植物形态】多年生草本，高17～65 cm。**根：**根状茎具多数黄褐色须根。**茎：**茎丛生，直立或斜上，圆柱形。**叶：**叶基生和茎生，叶片圆柱形。**花：**由5～30个半球形头状花序排列成顶生复聚伞花序，花序常分枝，具长短不等的花序梗。**果：**蒴果三棱状圆锥形，淡褐色或黄褐色，顶端具短尖头。**种子：**种子长卵形，蜡黄色，表面具纵条纹及细微横纹。花期3—6月，果期7—8月。

【植物速认】多年生草本；叶片圆柱形；半球形头状花序排列成顶生复聚伞花序；蒴果三棱状圆锥形。

1、2. 圆柱叶灯心草

1 | 2

鸭跖草科 Commelinaceae —— 鸭跖草属 *Commelina*

鸭跖草

Commelina communis L.

【植物形态】一年生披散草本。**根茎:** 茎匍匐生根,多分枝。**叶:** 叶披针形至卵状披针形。**花:** 聚伞花序;花瓣深蓝色;总苞片佛焰苞状,与叶对生,展开后为心形。**果:** 蒴果椭圆形。**种子:** 棕黄色,一端平截、腹面平,有不规则窝孔。

【药材名】鸭跖草(药用部位:全草)。

【性味、归经及功用】甘、淡,寒。归肺、胃、小肠经。清热泻火,解毒,利水消肿。用于感冒发热、热病烦渴、咽喉肿痛、水肿尿少、热淋涩痛、痈肿疔毒。

【用法用量】煎服,15～30 g。外用适量。

【采收加工】夏、秋二季采收,晒干。

【植物速认】一年生草本;叶披针形;聚伞花序,花深蓝色,总苞片佛焰苞状。

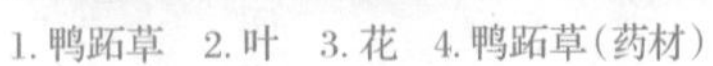

1. 鸭跖草 2. 叶 3. 花 4. 鸭跖草(药材)

禾本科 Poaceae —— 孔颖草属 *Bothriochloa*

白羊草

Bothriochloa ischaemum (Linnaeus) Keng

【植物形态】多年生草本，高25～70 cm。**茎：**秆直立或基部倾斜，节上无毛或具白色髯毛。**叶：**叶片线形，先端渐尖，基部圆形，两面疏生疣基柔毛或下面无毛。**花：**总状花序4至多数着生于秆顶呈指状，灰绿色或带紫褐色，总状花序轴节间与小穗柄两侧具白色丝状毛，无柄小穗长圆状披针形。花果期秋季。

【植物速认】多年生草本；叶片线形；总状花序多数着生于秆顶呈指状，外稃具芒。

1. 白羊草　2. 花　3. 茎

禾本科 Poaceae —— 马唐属 *Digitaria*

毛马唐

Digitaria ciliaris var. *chrysoblephara* (Figari & De Notaris) R. R. Stewart

【植物形态】一年生。**茎:** 秆基部倾卧,具分枝。**叶:** 叶鞘常具柔毛;叶舌膜质;叶片线状披针形。**花:** 总状花序4～10枚,呈指状排列于秆顶;小穗披针形,孪生于穗轴一侧。

【植物速认】一年生草本;叶片线状披针形;总状花序4～10枚,呈指状。

1. 毛马唐　2. 花

禾本科 Poaceae —— 穇属 *Eleusine*

牛筋草

Eleusine indica (L.) Gaertn.

【植物形态】一年生草本，高10～90 cm。**根：**根系极发达。**茎：**丛生，基部倾斜。**叶：**叶片平展，线形，无毛或上面被疣基柔毛；叶鞘两侧压扁而具脊。**花：**穗状花序2～7个指状着生于秆顶。**果：**囊果卵形，基部下凹，具明显的波状皱纹。花果期6—10月。

【药材名】牛筋草（药用部位：全草）。

【性味、归经及功用】甘、淡，凉。归肝、胃经。清热解毒，利湿，凉血散瘀。用于伤暑发热、小儿惊风、流行性乙型脑炎、流行性脑脊髓膜炎、黄疸、淋证、小便不利、痢疾、便血、疮疡肿痛、荨麻疹、跌打损伤。

【用法用量】煎服，9～15 g。

【采收加工】秋季采收，除去杂质，晒干。

【植物速认】一年生草本；叶片平展，线形；穗状花序指状着生于秆顶。

1. 牛筋草　2. 茎　3. 牛筋草（药材）

禾本科 Poaceae —— 稗属 *Echinochloa*

稗

Echinochloa crus-galli (L.) P. Beauv.

【植物形态】一年生草本，高50～150 cm。**茎：**光滑无毛。**叶：**叶片扁平，线形，无毛；叶鞘疏松裹秆。**花：**圆锥花序直立，近尖塔形，小穗卵形，密集在穗轴的一侧；芒长0.5～1.5（～3）cm。脉上具疣基刺毛。花果期夏、秋季。

【植物速认】一年生草本；叶片扁平，线形；圆锥花序，直立，芒长0.5～1.5（～3）cm。

1. 稗　2. 花

禾本科 Poaceae —— 稗属 *Echinochloa*

西来稗

Echinochloa crus-galli var. *zelayensis* (Kunth) Hitchcock

【植物形态】一年生草本，高50～75 cm。**茎：**光滑无毛。**叶：**叶片线形，长5～20 mm，宽4～12 mm。**花：**圆锥花序直立，分枝上不再分枝；小穗卵状椭圆形，顶端具小尖头而无芒，脉上无疣基毛。花果期6—9月。

【植物速认】一年生草本；叶片线形；圆锥花序，直立，顶端无芒，分枝上不再分枝。

1. 西来稗　2. 花

1 | 2

禾本科 Poaceae —— 稗属 *Echinochloa*

长芒稗

Echinochloa caudata Roshev.

【植物形态】一年生草本，高1～2 m。**叶：**叶片线形，两面无毛，边缘增厚而粗糙。**花：**圆锥花序稍下垂；小穗卵状椭圆形，常带紫色。花果期夏、秋季。

【植物速认】一年生草本；叶片线形，两面无毛；圆锥花序，下垂，小穗卵状，常带紫色，芒长达6 cm。

1. 长芒稗　2. 茎、叶

1 | 2

禾本科 Poaceae —— 披碱草属 *Elymus*

缘毛披碱草

Elymus pendulinus (Nevski) Tzvelev

【植物形态】多年生草本，高60～80 cm。**茎:** 秆节处平滑无毛。**叶:** 叶片扁平，无毛或上面疏生柔毛。**花:** 穗状花序稍垂头，含4～8小花；颖长圆状披针形，芒长(15～)20～28 mm。

【植物速认】多年生草本；叶片扁平无毛；穗状花序稍垂头，内稃与外稃几等长。

1、2. 缘毛鹅观草　3. 花

禾本科 Poaceae —— 画眉草属 *Eragrostis*

小画眉草

Eragrostis minor Host

【植物形态】一年生草本，高15～50 mm。**茎:** 秆纤细，丛生，膝曲上升。**叶:** 叶片线形，平展或卷缩。**花:** 圆锥花序开展而疏松，小穗长圆形，含3～16小花，绿色或深绿。**果:** 颖果红褐色，近球形。花果期6—9月。

【药材名】小画眉草（药用部位：全草）。

【性味、归经及功用】淡，凉。归肝、肾经。清热解毒，疏风利尿。用于角膜炎、结膜炎、尿路感染、脓疱疮。

【用法用量】煎服，15～30 g。外用适量，煎水洗。

【采收加工】夏季采收，鲜用或晒干。

【植物速认】一年生草本；叶片线形，平展或卷缩；圆锥花序开展而疏松。

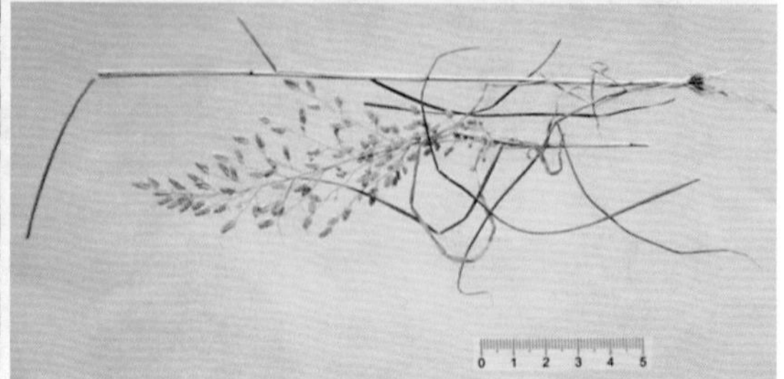

1. 小画眉草　2. 花　3. 小画眉草

禾本科 Poaceae —— 臭草属 *Melica*

臭草

Melica scabrosa Trin.

【植物形态】多年生草本，高20～90 cm。**茎：**秆丛生，直立，或基部膝曲。**叶：**叶片质较薄，扁平，干时常卷折，两面粗糙或上面疏被柔毛。**花：**圆锥花序狭窄，小穗淡绿色或乳白色。**果：**颖果褐色，纺锤形，有光泽。花果期5—8月。

【植物速认】多年生草本；叶片扁平质较薄；圆锥花序狭窄，小穗淡绿色或乳白色。

1、3. 臭草　2. 花

禾本科 Poaceae —— 芦苇属 *Phragmites*

芦苇

Phragmites australis (Cav.) Trin. ex Steud.

【植物形态】多年水生或湿生的高大禾草，高1～3(～8)m。**茎：**秆直立，具20多节。**叶：**叶片披针状线形，无毛，顶端长渐尖成丝形。**花：**圆锥花序大型，分枝多数，着生稠密下垂的小穗，小穗含4花。**果：**颖果长约1.5 mm。

【药材名】芦根(药用部位：根茎)。

【性味、归经及功用】甘，寒。归肺、胃经。清热泻火，生津止渴，除烦，止呕，利尿。用于热病烦渴、肺热咳嗽、肺痈吐脓、胃热呕哕、热淋涩痛。

【用法用量】煎服，15～30 g，鲜品用量加倍，或捣汁用。

【采收加工】全年均可采挖，除去芽、须根及膜状叶，鲜用或晒干。

【植物速认】多年水生或湿生的高大禾草；叶片披针状线形；圆锥花序大型。

1. 芦苇　2、3. 花　4. 芦根(药材)

禾本科 Poaceae —— 早熟禾属 *Poa*

早熟禾

Poa annua L.

【植物形态】一年生或冬性禾草，高达6～30 cm。**茎：**秆直立平滑无毛。**叶：**叶片扁平或对折，质地柔软，常有横脉纹，顶端急尖呈船形，边缘微粗糙。**花：**圆锥花序宽卵形，开展，分枝1～3枚着生各节，平滑；小穗卵形，绿色。**果：**颖果纺锤形。花期4—5月，果期6—7月。

【植物速认】一年生或冬性禾草；叶片扁平或对折；圆锥花序宽卵形；颖果纺锤形。

1. 早熟禾　2、3. 果

禾本科 Poaceae —— 筒轴茅属 *Rottboellia*

筒轴茅

Rottboellia cochinchinensis (Loureiro) Clayton

【植物形态】一年生草本,高达2 m。**根:** 须根粗壮,常具支柱根。**茎:** 秆直立无毛。**叶:** 叶片线形,无毛或上面疏生短硬毛。**花:** 总状花序粗壮直立,上部渐尖,无柄小穗嵌生于凹穴中。**果:** 颖果长圆状卵形。花果期秋季。

【药材名】筒轴茅(药用部位:全草)。

【性味、归经及功用】淡,凉。归心、小肠经。利尿通淋。用于小便不利。

【用法用量】煎服,10～15 g。

【采收加工】夏、秋季采割全草,晒干。

【植物速认】一年生草本;叶片线形;总状花序直立。

1. 筒轴茅　2. 花　3. 筒轴茅

禾本科 Poaceae —— 狗尾草属 *Setaria*

大狗尾草

Setaria faberi R. A. W. Herrmann

【植物形态】一年生草本，高10～100 cm。**根：**通常具支柱根。**茎：**秆直立，粗壮而高大，光滑无毛。**叶：**叶片线状披针形，无毛或上面具较细疣毛，边缘具细锯齿。**花：**圆锥花序紧缩呈圆柱状，通常垂头，小穗椭圆形，刚毛通常绿色。**果：**颖果椭圆形，顶端尖。花果期7—10月。

【药材名】大狗尾草（药用部位：全草）。

【性味、归经及功用】甘，平。归脾经。清热消疳，杀虫止痒。用于小儿疳积、风疹、龋齿牙痛。

【用法用量】煎服，10～30 g。

【采收加工】春、夏、秋三季均可采，鲜用或晒干。

【植物速认】一年生草本；叶片线状披针形；圆锥花序通常垂头，刚毛绿色，小穗椭圆形，长约3 mm。

1. 大狗尾草　2. 花　3. 大狗尾草

禾本科 Poaceae —— 狗尾草属 *Setaria*

狗尾草

Setaria viridis (L.) Beauv.

【植物形态】一年生草本，高10～100 cm。**根**：根为须状。**茎**：秆直立。**叶**：叶片扁平，长三角状狭披针形或线状披针形，边缘粗糙。**花**：圆锥花序紧密呈圆柱状，直立或稍弯垂，主轴被较长柔毛，刚毛绿色或褐黄到紫红或紫色。**果**：颖果灰白色。花果期5—10月。

【药材名】狗尾草（药用部位：全草）。

【性味、归经及功用】淡，平。归心、肝经。清肝明目，解热祛湿。用于目赤肿痛、黄疸、痈肿疮癣、小儿疳积。

【用法用量】煎服，10～30 g。外用搓擦癣疮患处。

【采收加工】8、9月采收全草，晒干。

【植物速认】一年生草本；叶片线状披针形；圆锥花序紧密呈圆柱状，刚毛绿色或褐黄到紫红或紫色。

1、2. 狗尾草　3. 花　4. 狗尾草（药材）

1	2 / 3	4

禾本科 Poaceae —— 狗尾草属 *Setaria*

金色狗尾草

Setaria pumila (Poiret) Roemer & Schultes

【植物形态】一年生草本,高20～90 cm。**茎:** 秆直立,光滑无毛。**叶:** 叶片线状披针形或狭披针形,先端长渐尖。**花:** 圆锥花序紧密呈圆柱状或狭圆锥状,主轴具短细柔毛,刚毛金黄色或稍带褐色。花果期6—10月。

【药材名】金色狗尾草(药用部位:全草)。

【性味、归经及功用】甘、淡,平。归肝、肺、脾经。清热,明目,止泻。用于目赤肿痛、眼睑炎、痢疾。

【用法用量】煎服,9～15 g。

【采收加工】夏、秋季采收,晒干。

【植物速认】一年生草本;叶片线状披针形;圆锥花序紧密呈圆柱状,刚毛金黄色。

1、2. 金色狗尾草　3. 花　4. 金色狗尾草(药材)

禾本科 Poaceae —— 针茅属 *Stipa*

大针茅

Stipa grandis P. Smirn.

【植物形态】一年生草本，高达50～100 cm。**茎：** 秆直立，具3～4节。**叶：** 叶片纵卷似针状，上面具微毛，下面光滑，基生叶长可达50 cm。**花：** 圆锥花序基部包藏于叶鞘内，分枝细弱，直立上举；小穗淡绿色或紫色。花果期5—8月。

【植物速认】一年生草本；叶片纵卷似针状；圆锥花序。

1、2. 大针茅

1 | 2

禾本科 Poaceae —— 锋芒草属 *Tragus*

虱子草

Tragus berteronianus Schultes

【植物形态】一年生草本。**根:** 须根细弱。**茎:** 秆倾斜。**叶:** 叶片披针形,边缘软骨质,疏生细刺毛。**花:** 花序紧密,几呈穗状,小穗通常2个簇生。**果:** 颖果椭圆形,稍扁,与稃体分离。

【植物速认】一年生草本;叶片披针形;穗状花序,刺球体无尖头;颖果椭圆形。

1、4. 虱子草　2. 花　3. 茎、叶

天南星科 Araceae —— 半夏属 *Pinellia*

虎掌

Pinellia pedatisecta Schott

【植物形态】多年生草本，全株无毛。**根**：块茎近圆球形，根密集，肉质。**叶**：叶片鸟足状分裂，裂片6～11，披针形，渐尖，基部渐狭，楔形。**花**：肉穗花序，佛焰苞淡绿色，管部长圆形。**果**：浆果卵圆形个小，绿色至黄白色。花期6—7月，果期9—11月。

【药材名】天南星（药用部位：根茎）。

【性味、归经及功用】苦、辛，温；有毒。归肺、肝、脾经。燥湿化痰，祛风止痉，散结消肿。用于顽痰咳嗽、风痰眩晕、中风痰壅、口眼歪斜、半身不遂、癫痫、惊风、破伤风。

【用法用量】煎服，3～9 g。外用生品适量，研末以醋或酒调敷患处。

【采收加工】秋、冬二季茎叶枯萎时采挖，除去须根及外皮，干燥。

【植物速认】多年生草本；叶片鸟足状分裂；肉穗花序，佛焰苞淡绿色；浆果卵圆形。

1. 虎掌　2. 叶　3. 花　4. 天南星（药材）

莎草科 Cyperaceae —— 三棱草属 *Bolboschoenus*

扁秆荆三棱

Bolboschoenus planiculmis (F. Schmidt) T. V. Egorova

【植物形态】多年生草本，高60～100 cm。**根：**具匍匐根状茎和块茎。**茎：**秆较细，三棱形，平滑。**叶：**叶扁平，向顶部渐狭为线形，具长叶鞘。**花：**长侧枝聚伞花序短缩成头状，具1～6个小穗；小穗卵形或长圆状卵形，锈褐色。**果：**小坚果宽倒卵形，或倒卵形，扁，两面稍凹，或稍凸。花期5—6月，果期7—9月。

【药材名】扁秆藨草（药用部位：根茎）。

【性味、归经及功用】苦，平。归肺、胃、肝经。祛瘀通经，行气消积。用于经闭、痛经、产后瘀阻腹痛、癥瘕积聚、胸腹胁痛、消化不良。

【用法用量】煎服，15～30 g。

【采收加工】夏、秋季采收，除去茎叶及根茎，洗净，晒干。

【植物速认】多年生草本；秆三棱形；叶线形，具长叶鞘；聚伞花序短缩成头状。

1. 扁秆藨草　2. 果　3. 茎　4. 扁秆藨草（药材）

1 | 2 3 4

莎草科 Cyperaceae —— 薹草属 *Carex*

翼果薹草

Carex neurocarpa Maxim.

【植物形态】一年生草本，高15～100 cm。**根：**根状茎短，木质。**茎：**秆丛生，扁钝三棱形，平滑。**叶：**叶平张，边缘粗糙，先端渐尖，基部具鞘，锈色。**花：**穗状花序紧密，呈尖塔状圆柱形。**果：**小坚果卵形或椭圆形，平凸状，淡棕色，顶端具小尖头。花果期4—6月。

【植物速认】一年生草本；叶边缘粗糙，先端渐尖；穗状花序呈尖塔状圆柱形。

1、2. 翼果薹草　3. 花

莎草科 Cyperaceae —— 莎草属 *Cyperus*

具芒碎米莎草

Cyperus microiria Steud.

【植物形态】一年生草本，高20～50 cm。**茎：**秆密丛生，稍细，锐三棱形，平滑。**叶：**叶平张，叶鞘红棕色，表面稍带白色，叶状苞片3～4枚，长于花序。**花：**长侧枝聚伞花序复出或多次复出，具5～7个辐射枝，穗状花序卵形或近于三角形，具多数小穗；小穗线形或线状披针形。**果：**小坚果倒卵形，三棱形，深褐色。花果期8—10月。

【植物速认】一年生草本；叶线形；聚伞花序呈头状，小穗线形，鳞片黄色，叶状苞片长于花序。

1、2. 具芒碎米莎草　3. 花

1 | 2 | 3

莎草科 Cyperaceae —— 莎草属 *Cyperus*

头状穗莎草

Cyperus glomeratus L.

【植物形态】一年生草本，高50～95 cm。**茎：**秆散生，粗壮，钝三棱形，平滑。**叶：**叶宽4～8 mm，边缘不粗糙；叶鞘长，红棕色；叶状苞片3～4枚，较花序长。**花：**长侧枝聚伞花序具3～8个辐射枝，穗状花序无总花梗，具极多数小穗；小穗线状披针形或线形，稍扁平。**果：**小坚果长圆形，三棱形，灰色，具明显的网纹。花果期6—10月。

【植物速认】一年生草本；叶状苞片3～4枚，较花序长；聚伞花序，具辐射枝，线状披针形。

1. 头状穗莎草　2. 花

1 | 2

莎草科 Cyperaceae —— 水葱属 *Schoenoplectus*

水葱

Schoenoplectus tabernaemontani (C. C. Gmelin) Palla

【植物形态】多年生草本，高1～2 m。**根：**匍匐根状茎粗壮，须根较多。**茎：**秆圆柱状，平滑。**叶：**叶片线形，基部具3～4个叶鞘，膜质。**花：**长侧枝聚伞花序简单或复出，具辐射枝，小穗卵形或长圆形，具多数花。**果：**小坚果倒卵形或椭圆形，双凸状，少有三棱形。花果期6—9月。

【药材名】水葱（药用部位：全草）。

【性味、归经及功用】甘、淡，平。归膀胱经。利水消肿。用于水肿胀满、小便不利。

【用法用量】煎服，5～10 g。

【采收加工】秋季割取地上部分，切段晒干。

【植物速认】多年生草本；叶线形；聚伞花序，具辐射枝，小穗卵形，具多数花。

1. 水葱　2. 果　3. 茎　4. 水葱（药材）

药用植物名称索引

一、药用植物中文名索引（以笔画为序）

二、药用植物拉丁学名索引

B

C

参考文献

［1］中国科学院中国植物志编辑委员会.中国植物志［M］.北京：科学出版社，2004.

［2］国家药典委员会.中华人民共和国药典［M］.北京：中国医药科技出版社，2015.

［3］河北植物志编辑委员会.河北植物志［M］.石家庄：河北科学技术出版社，1986-1991.

［4］河北省中药资源普查办公室.河北省中药资源名录［R］.石家庄：河北省中药资源普查办公室，1987.

［5］南京中医药大学.中药大辞典［M］.上海：上海科学技术出版社，2006.

［6］刘冰.中国常见植物野外识别手册［M］.北京：商务印书馆，2008.

［7］刘利柱.太行山常见植物识别手册［M］.石家庄：河北科学技术出版社，2019.